材料力學
Mechanics of Materials

◆ 溫順華 著

五南圖書出版公司 印行

序言

　　應用力學與材料力學屬於工程學科的基礎力學，對於相關學科的學子而言，是相當重要的基礎課程，因此本書在編排上以條理分明、重點清晰爲原則，強調簡明的觀念與重點，不同於一般坊間的參考用書，期使讓讀者易學易懂、輕鬆掌握學習重點。本書內容主要分爲兩大部分，分別以「靜力學」以及「材料力學」爲主題，內容簡潔扼要。

　　在靜力學部分討論包括靜力平衡條件、靜力平衡計算及正確繪圖方法等中心觀念；而在材料力學方面則就材料在彈性範圍內的一般力學性質及各種定義、公式等作詳細的介紹，各章結構完整，囊括命題重點。根據章節重點精選例題，供讀者自我評量。

　　各題型附有詳盡試題解析，幫助了解內容重點，相當適用於初學者自習以及基礎工程力學授課之用。

目錄

第一篇　應用力學

第二篇　材料力學

第一篇 應用力學

第一章　向量

1.1　定義

向量又稱矢量（vector），指線性空間中的元素。起源於物理學既有大小又有方向的物理量，通常繪畫成箭號，因以為名。

位移、速率、加速度、力、力矩、動量、衝量等，都是向量。向量即有大小，又有方向的量等都是向量，向量即有大小，又有方向的量。

向量三要素：起點、方向、大小。

- 純量與向量（scalar and vector）

純量只有大小，它們可以一個數目及單位來表示（例如溫度 = 30℃）。純量遵守算數和普通的代數法則。

向量具有大小及方向（例如位移為 5m，向北方），向量遵守向量代數的特別法則。

一、以圖解法求向量和

將兩向量 a 和 b 以相同的比例尺度繪出，並使兩向量其中一端頭尾相連，則可以作圖法將另端頭尾連線表示此兩向量相加之結果 $s = a + b$。

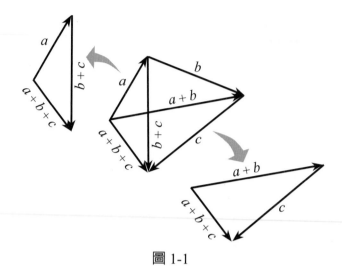

圖 1-1

向量的加減遵守交換率和結合律，即 $a+b=b+a$ 與 $a+(b+c)=(a+b)+c$。

二、向量的分量 （Components of a Vector）

　　二維向量 a 的分量 a_x 和 a_y，為 a 在座標軸上之投影長度，所得分量為

$$a_y = a\sin\theta \qquad a_x = a\cos\theta \qquad a = \sqrt{a_x^2 + a_y^2}$$

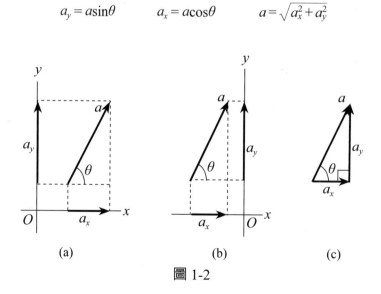

圖 1-2

三、單位向量（Unit Vector）

單位向量之定義是，長度大小爲 1 的向量，通常以 e 表示之。單位向量之方向則標示於下標，如 e_x 表示 x 軸方向上之單位向量，e_v 表示 v 方向上之單位向量。

通常 x，y 和 z 軸的單位向量以 i、j 和 k 或 e_x，e_y，e_z 表示。如此，任一向量 a 可以其在 x，y 和 z 軸的分量 a_x、a_y 和 a_z 來表示，即

$$a = a_x i + a_y j + a_z k$$

當向量的加減以分量型式來表示時，$r = a + b$ 具下列規則

$$r_x = a_x + b_x \qquad r_y = a_y + b_y \qquad r_z = a_z + b_z$$

例題 1

a, b, c 三向量分別爲，$a = 4.2i - 1.6j$；$b = -1.6i + 2.9j$；$c = -3.7j$，求 $r = a + b + c = ?$

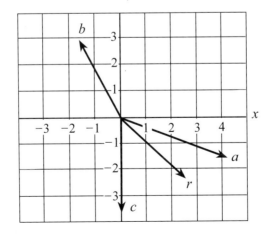

$$r_x = a_x + b_x + c_x = 4.2 - 1.6 + 0 = 2.6$$

$$r_y = a_y + b_y + c_y = -1.6 + 2.9 - 3.7 = -2.4$$

四、向量與物理定律（Vector and Laws in Physics）

任何包含向量的物理定律，可以用許多可能的座標系統來描述。通常我們選擇最可以簡化演算與推導過程的一種座標系統。然而，向量型式的數學關係式與所選擇的座標系統無關，換句話說，物理定律不隨座標系的選擇改變。

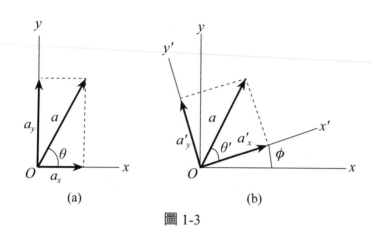

圖 1-3

五、以純量乘以向量（Product between Scalar and Vector）

一個純量 s 和一個向量 $v = ve_v$ 的乘積，為一個向量，其大小為 sv，方向仍為 v 原來之方向 e_v。

六、純量積（Scalar Product or Inner Product）

兩向量的純量積（或內積）為一純量，寫為 $\vec{a} \cdot \vec{b}$ 其定義如下式：

$$\vec{a} \cdot \vec{b} = ab\cos\phi$$

其中，ϕ 為 a 和 b 方向的夾角，純量積可能為正、零或負完全決定於 ϕ 之值。

一個純量積為一個向量的大小乘以第二個向量沿著第一個向量方向的

分量之積。在單位向量表示法中，純量積可寫成：

$$\vec{a} \cdot \vec{b} = (a_x i + a_y j + a_z k) \cdot (b_x i + b_y j + b_z k)$$

$$= a_x b_x + a_y b_y + a_z b_z$$

上式遵守分配律，即：$\vec{a} \cdot b = \vec{b} \cdot a$

七、向量積（Vector Product or Outer Product）

兩向量的向量積（或外積）為一向量，寫為 $\vec{a} \times \vec{b}$，其定義如下式：

$$\vec{c} = \vec{a} \times \vec{b} = c\, \vec{e}_n \qquad c = ab\sin\phi$$

其中，為 a 和 b 方向間之較小夾角，e_n 為同時垂直 e_a 與 e_b 之方向的單位向量。

c 的方向垂直於 a 和 b 所決定之平面，並且由右手定則決定，在單位向量表示法中，向量積可寫成

$$\vec{c} = \vec{a} \times \vec{b} = (a_x i + a_y j + a_z k) \cdot (b_x i + b_y j + b_z k)$$

$$= (a_y b_z - a_z b_y)i + (a_z b_x - a_x b_z)j + (a_x b_y - a_y b_x)z$$

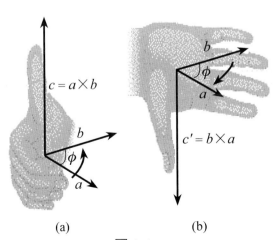

(a)　　　　　　　(b)

圖 1-4

亦可以所謂的行列式寫法表示，如下

$$\vec{c} = \vec{a} \times \vec{b} = \begin{vmatrix} i & j & k \\ a_x & a_y & a_z \\ b_x & b_y & b_z \end{vmatrix}$$

下式為以右手定則決定之向量，其分配律如下

$$\vec{a} \times \vec{b} = -(\vec{b} \times \vec{a})$$

例題 1

求下圖平面力系之結果

解：依多邊形法則： $(R = 65 \text{ lb}, \theta = 197°)$

$R_x = 26\cos10° + 39\cos114° + 63\cos183° + 57\cos261° = -62.1$

$R_y = 26\sin10° + 39\sin114° + 63\sin183° + 57\sin261° = -19.5$

$R = \sqrt{(-62.1)^2 + (-19.5)^2}$ $R = 65 \text{ lb}$

$\tan\theta_x = \dfrac{-19.5}{-62.1}$ $\theta_x = 17°$ $\theta = 180° + 17° = 197°$

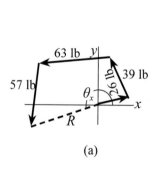

(a)

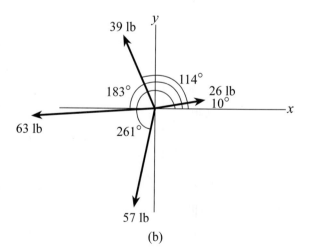

(b)

2. 力系如圖 1-5，求平行於斜面之拉力 P_h 及垂直於斜面之牽引力 P_V

$P_h = P*\cos(60 - 22) = 235*38° = 185\text{N}$，$P_V = P*\sin(60 - 22) = 235*38° = 145\text{N}$

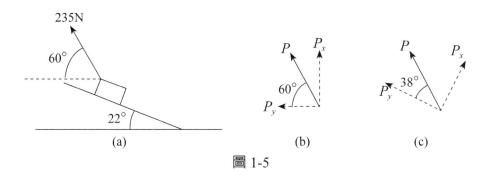

圖 1-5

八、方向量的加法

　　力為向量，具有大小與方向，可利用平行四邊形定律作加法運算。在靜力學中常遇到的兩個問題，一個是已知兩個分力，要求出它們的合力；另外一個是已知一力，要求出它的兩個分力。上述兩個問題都可以利用平行四邊形定律來求解。若欲將兩個以上的力相加，可連續使用平行四邊形定律來求其向量和。欲將和三力相加，可先求得其中任兩力之合力，此合力再與第三力相加，即可得到此三力的合力。利用平行四邊形定律來求兩個以上的合力，需要利用幾何與三角學的計算，才能得到合力的大小值與方向。然而此類問題可利用直角座標的方法，輕而易舉地求得其解。

1. 平行四邊形定律

　　利用平行四邊形定律作向量加法的草圖。二力依平行四邊形定律合成的合力可由平行四邊形對角線求得。

　　求解力沿二軸方向的分量，可由力的箭頭沿二軸方向分別畫平行線而

構成平行四邊形，則平行四邊形的兩邊長即其分量。在草圖上標記和確定已知或未知力的大小和角度。

2. 三角學

重畫平行四邊形半邊以闡明分量的三角形頭尾相加。

如圖所示，合力的大小及方向可分別用餘弦定律（law of cosines）和正弦定律（law of sines）求得。力的二分量大小可用正弦定律（law of sines）求得。

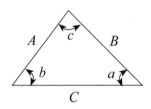

Sine law:

$$\frac{A}{\sin a} = \frac{B}{\sin b} = \frac{C}{\sin c}$$

Cosine law:

$$C = \sqrt{A^2 + B^2 - 2AB\cos c}$$

圖 1-6

3. 重點提示

(1) 純量是正或負的數。

(2) 向量是具有大小和方向的量。

(3) 向量乘或除以純量將改變向量的大小，負的純量則會改變向量的方向。

(4) 若向量在同一直線上，則向量合成為代數或純量的相加減。

例題 1

如下圖 (a) 所示，力量 1F 與 2F 作用於一勾環上，計算其合力之大小與方向。

解：合力由平行四邊形定律獲得：

如圖 (b) 所示，利用平行四邊形定律作加法運算，兩未知數為 F_R 之大小與角度 θ。由圖 (b)，作出向量三角形，如圖 (c) 所示。

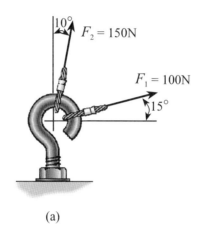

(a)

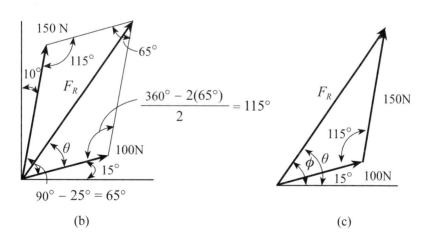

(b)   (c)

利用餘弦定律可求得 F_R

$$F_R = \sqrt{(100N)^2 + (150N)^2 - 2(100N)(150N)\cos115°}$$

$$= \sqrt{10000 + 22500 - 30000(0.4226)} = 212.6N$$

利用正弦定律可求得角度 θ，利用已求得之 F_R 可得

$$\frac{150N}{\sin\theta} = \frac{212.6N}{\sin115°} \text{，} \therefore \sin\theta = \frac{150N}{212.6N}(0.9063) \text{，} \therefore \theta = 39.8°$$

例題 2

如下圖 (a)$F = 500$N，將 F 分解爲沿 AB 及 AC 兩桿方向之分量 F_{AB} 與 F_{AC}，若 $F_{AC} = 400$N，則 θ 之角度爲何？

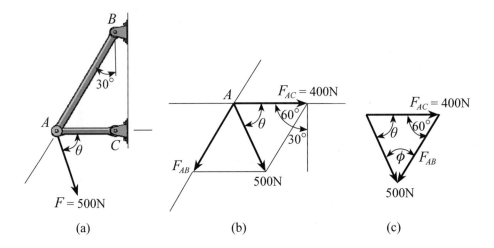

| (a) | (b) | (c) |

解：

利用平行四邊形定律二分量的合力如圖 (b)，注意 F_{AB} 與 F_{AC} 兩分量在 AB 及 AC 方向上。圖 (c) 爲對應的向量三角形，由正弦定律可求角度 ϕ：

$$\frac{400\text{N}}{\sin\phi} = \frac{500\text{N}}{\sin60°} \quad \sin\phi = \left\{\frac{400\text{N}}{500\text{N}}\right\}\sin60° = 0.6928 \quad \phi = 43.9°$$

$$\theta = 180 - 60 - 43.9 = 76.1°$$

再利用餘弦定律與已知的 q 角度，
可求得

$$F_{AB} = 561\text{N}。$$

F 亦可如圖 (d) 所示之方向，依上述
方法求得

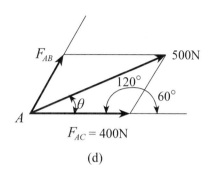

(d)

$$\theta = 16.1° \text{ 和 } F_{AB} = 161\text{N}。$$

1.2 共面力系

　　許多的平衡問題為一質點在共面力系（coplanar force systems）的作用
之下保持平衡。若這些力作用在 x-y 平面上，則可將其分解 i 與 j 方向上
之分量，則可寫成：

$$\Sigma F = 0 \qquad \Sigma F_x i + \Sigma F_y j = 0$$

為滿足上式，則 x 與 y 方向上的分量必須均為零。因此可得

$$\Sigma F_x = 0 \qquad \Sigma F_y = 0$$

此純量平衡方程式表示作用在質點上的所有作用力，它們在 x 與 y 方向上
的分量的式數和必須為零。上式中有兩個純量方程式，故僅能用來求解兩
個未知數，通常此二未知數是質點上作用力的大小和方向。

一、純量觀念

由於兩平衡方程式須求解向量在 x 與 y 方向上的分量,利用此方程式時,我們將應用純量觀念(scalar notation)來表示這些分量。在分離體圖中向量的方向可用代數符號來表示。若芊力的分量其大小為未知,可先假設它的方向,在分離體圖上以箭號示此方向。由於力量的大小恆為正值,若求得的解為負數,乃表示作用力的方向與分離體圖中的假設的方向相反。

二、解析步驟

下列步驟提供一個求解共面力系質點平衡的方法。

繪製離體繪質點的分離體圖,並在圖上標示所有己知力的未知力的大小和方向,而未知力的方向可先加以假設。

列平衡方程式:選定適當的方向作為 x 與 y 軸,並寫出兩平衡方式

$$\Sigma F_x = 0 \qquad \Sigma F_y = 0$$

沿軸正方向的分量其值為正,沿軸負方向的分量其值為負。若問題中包含彈簧,則利用 $F = ks$ 表示彈簧上的作用力與彈簧變形量 s 的關係。

1.3 共面力系的加法

一、純量觀念

由於 x 和 y 軸都有固定的正向及負向,故兩相互垂直之分力的大小與方向可用純量來表示。如圖 1-7(a) 中 F 之分力均沿著正 x 與正 y 軸方向,可以用正數和來表示。

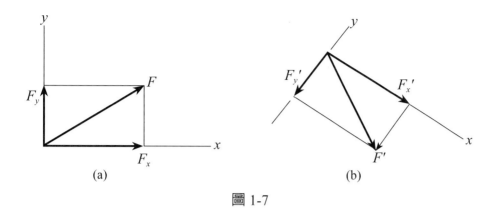

圖 1-7

二、笛卡爾向量概念（Cartesian Vector Notation）（或稱直角 座標向量觀念）

若用笛卡爾單位向量來表示力的分量，則向量運算較為容易，而且三維空間的問變得較容易求解。在二維平面中，笛卡爾單位向量 i 和 j 分別代表 x 和 y 軸的正向，如圖 1-8(a) 所示。這些向量為一個單位的大小，以正負符號來表示其方向，若沿 x 或 y 軸之正向，以正的符號表示。

圖 1-8(a) 中 F 之分量的大小均為正值，可以用正數和表示。因此笛卡爾向量式來表示 F 之分量的大小與方向，即可表示成

$$F = F_x i + F_y j$$

相同地，圖 1-8(b) 中之可表示成

$$F' = F_x' i + F_y'(-j)$$

或僅以表示。

$$F' = F_x' i - F_y' j$$

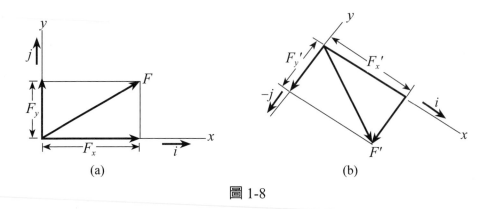

圖 1-8

三、共平面力系的合力（Coplanar Force Resultants）

以上兩種表示法，均可將力分解成互相垂直的分量，以求得同一平面上數個力量的合力。其作法是先將各個力量分解成 x 與 y 軸上的分量，然後利用代數運算的方法將各軸上的分量相加，最後之合力依平行四邊形定律求得。如圖 1-9(a) 所示之三力，可分別分解成如圖 1-9(b) 所示之 x 與 y 軸上的分量，利用笛卡爾向量觀念，各力先表示成笛卡爾向量

$$F_1 = F_{1x}i + F_{1y}j$$

$$F_2 = -F_{2x}i + F_{2y}j$$

$$F_3 = F_{3x}i - F_{3y}j$$

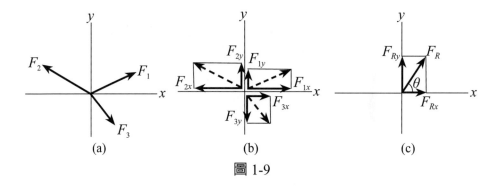

圖 1-9

向量的合成為：$F_R = F_1 + F_2 + F_3$

$$= F_{1x}i + F_{1y}j - F_{2x}i + F_{2y}j + F_{3x}i - F_{3y}j$$

$$= (F_{1x} - F_{2x} + F_{3x})i + (F_{1y} + F_{2y} - F_{3y})j$$

$$= (F_{Rx})i + (F_{Ry})j$$

如果使用純量觀念，由圖 1-9(b) 可知，x 軸向右為正，y 軸向上為正，我們可得：

$$F_{Rx} = F_{1x} - F_{2x} + F_{3x}$$

$$F_{Ry} = F_{1y} + F_{2y} - F_{3y}$$

四、舉例說明

作用在托架上的四個繩索拉力的合力，可由各力在 x 軸和 y 軸上的分量代數和求得，此合力 F_R 對托架的拖拉作用與四力的作用相同。

此結果與利用笛卡爾向量法所得的合力在 i 與 j 方向上的分量相同。一般而言，平面上任意數目的力向量，其合力在 x 軸與 y 軸上的分量可表示為：

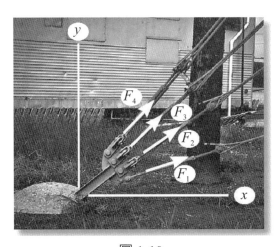

圖 1-10

$$F_{Rx} = \Sigma F_x$$
$$F_{Ry} = \Sigma F_y$$

作用在托架上的四個繩索拉力的合力，可由各力在 x 軸和 y 軸上的分量代數和求得，此合力對托架的拖拉作用與四力的作用相同。應用此方程式時要注意正負符號的使用，即沿座標軸正方向的分量為正數，沿座標軸負方向的分量為負數。如此則合力分量的正負將由各分量的和決定，例如正分量和即表示沿座標軸的正方向。

當各軸上的分量和求得之後，合力可依向量合成方法求得，如圖 1-9(c)，其大小可依畢氏定理求得，

$$F_R = \sqrt{F_{Rx}^2 + F_{Ry}^2}$$

其方向角：$\theta = \tan^{-1} \left| \dfrac{F_{Ry}}{F_{Rx}} \right|$

• 重點提示

數個共面力的合力可用 x, y 座標系統的建立以及各力沿 x, y 軸的分量求得。

各力的方向可由其作用線與軸的夾角或傾斜三角形明定。

x 軸和 y 軸的方位是任意的，其正方向以笛卡爾單位向量 i 和 j 表示。

合力的 x 和 y 軸分量由所有共面力在 x 和 y 軸的分量代數和而求得。

合力的大小可用畢氏定理求得，其方向可由三角學方法求得。

例題 1

如圖 (a) 試求 F_1 和 F_2 在 x, y 方向上之分量為何？將其表示成笛卡爾向量式。

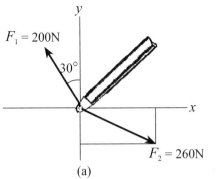

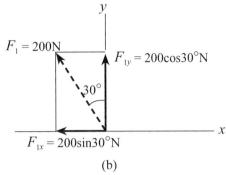

(a)　　　　　　　　　　　　　　　　(b)

解：純量觀念法

利用平行四邊形定律，F_1 可分解成如圖 (b) 之 x 軸和 y 軸方向上之分量，

其分量大小可由三角學方法求得，其中 F_{x1} 沿負 x 軸方向，F_{y1} 沿正 y

軸方向，我們可得：

$$F_{1X} = -200\sin30°\text{N} = -100\text{N} = 100\text{N}$$

$$F_{1Y} = -200\cos30°\text{N} = 173\text{N} = 173\text{N}$$

F_2 分解成如圖 (c) 之 x, y 軸方向上之分

量，因力作用斜率已知，由傾斜三角形

可求得 θ 角，

$$\theta = \tan^{-1}(5/12)$$

則力的分量可如前述 F_1 方法求得。然

而也可直接利用相似三角形比例關係求

得，即：

$$\frac{F_{2x}}{260\text{N}} = \frac{12}{13} \quad F_{2x} = 260\text{N}\left(\frac{12}{13}\right) = 240\text{N}$$

同理：

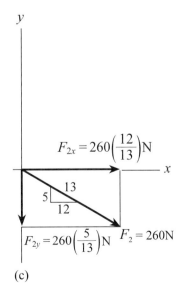

(c)

$$F_{2y} = 260\text{N}\left(\frac{5}{13}\right) = 100\text{N}$$

其中水平分量 F_{2x} 爲力的大小乘上三角形水平邊與斜邊之比值，而垂直分量 F_{2y} 爲力的大小乘上三角形垂直邊與斜邊之比值，因此，使用純量式

$$F_{2x} = 240\text{N} = 240\text{N} \rightarrow$$

$$F_{2y} = -100\text{N} = 100\text{N} \downarrow$$

笛卡爾觀念：

求得各力分量大小和方向後，各力可表示成笛卡爾向量式：

$$F_1 = \{-100i + 173j\}\text{N}$$

$$F_2 = \{240i - 100j\}\text{N}$$

例題 2

如圖 (a) 所示，兩作用力 1F 與 2F 作用於一吊環上，其合力的大小與方向爲何？

解一：純量方法

此題可以先用平行四邊形定律求解，但我們在此利用純量方法，先將各力分解成 x 與 y 軸方向上的分量，如圖 (b) 所示，並求得 x 與 y 方向上之分量和爲：

$$\xrightarrow{+} F_{Rx} = \Sigma F_x : F_{Rx} = 600\cos30°\text{N} - 400\sin45°\text{N}$$

$$= 236.8\text{N} \rightarrow$$

$$+\uparrow F_{Ry} = \Sigma F_y : F_{Rx} = 600\sin30°\text{N} + 400\cos45°\text{N}$$

$$= 582.8\text{N} \uparrow$$

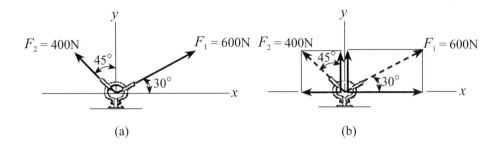

(a)　　　　　　　　　　　　　　(b)

如圖 (c) 所示，其合力大小為

$$F_R = \sqrt{(236.8\text{N})^2 + (582.8\text{N})^2}$$

$$= 629\text{N}$$

其合力之方向角 θ 為

$$\theta = \tan^{-1}\left(\frac{582.8\text{N}}{236.8\text{N}}\right) = 67.9°$$

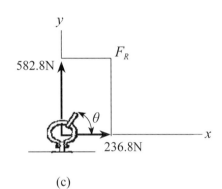

(c)

解二：笛卡爾向量法

由圖 (b) 所示，各力可以用笛卡爾向量式表示成：

$$F_1 = \{600\cos30°i + 600\sin30°j\}\text{N}$$

$$F_2 = \{-400\sin45°i + 400\cos45°j\}\text{N}$$

所以：

$$F_R = F_1 + F_2 = (600\cos30°\text{N} - 400\sin45°\text{N})i + (600\sin30°\text{N} + 400\cos45°\text{N})j$$

$$= \{236.8i + 582.8j\}\text{N}$$

合力 F_R 的大小與方向之求法與純量方法相同。

比較上述兩種方法，可知純量方法較為直接有效。因其求取分量和前不需將各力以笛卡爾向量式表示。然而利用笛卡爾向量法解三維空間的問題較為方便。

例題 3

如下圖 (a) 所示，三共點且共平面之作用力作用在一桿之一端 O 上，試求其合力大小與方向。

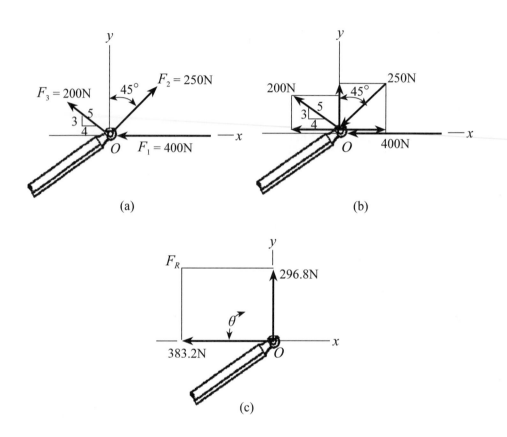

(a)

(b)

(c)

解：

如圖 (a) 所示，各力可分解成 x 與 y 軸方向上的向量，並分別求 x 與 y 軸方向上之分量和，可得 x 軸分量為：

$$\xrightarrow{\;+\;} F_{Rx} = \Sigma F_x : F_{Rx} = -400\text{N} + 250\sin45°\text{N} - 200_{\left(\frac{4}{5}\right)}\text{N}$$

$$= -383.2\text{N} = 383.2\text{N} \leftarrow$$

負號表示 F_{Rx} 指向左，即 x 軸之負方向，而 y 軸分量為：

$$+\uparrow F_{Ry} = \Sigma F_y : F_{Ry} = 250\text{N}\cos 45°\text{N} + 200_{\left(\frac{3}{5}\right)}\text{N}$$

$$= 296.8\text{N} \uparrow$$

如圖 (c) 所示，其合力大小爲：

$$F_R = \sqrt{(-383.2\text{N})^2 + (296.8\text{N})^2}$$

$$= 485\text{N}$$

其方向角 θ 爲：

$$\theta = \tan^{-1}\left(\frac{296.8}{383.2}\right) = 37.8°$$

相較於平行四邊形定律的應用例子，此法比較便利。

五、笛卡爾向量

右手座標系統向量運算法則將以右手座標系統爲基礎。直角座標或笛卡爾座標系統爲右手座標系統（right-handed coordinate system），係將右手手指由正 x 軸方向向正 y 軸方向握緊，此時右手大姆指的方即爲正 z 軸的方向，如圖 1-11 所示。根據此規則，正 z 軸的方向爲離開紙面並與紙面垂直。

向量的互相垂直的分量向量 A 可具有一個、兩個或三個沿著和 z 軸，且彼此互相垂直的分量，視此向量的指向而定。通常向量 A 位於座標系統

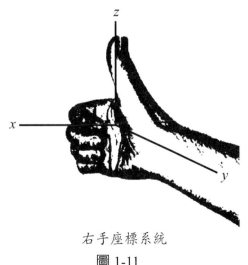

右手座標系統

圖 1-11

中的某一象限，可連續使用兩次平行四邊形定律，先將其分解成兩分量，再分解兩分量。結合此二公式，將向量 A 分解成互相垂直的三個向量，即

$$A = A_x + A_y + A_z$$

單位向量：

　　A 的方向可使用單位向量表示，所謂位向量（unit vector），是其大小為 1 的向量，若向量 A 之大小。其單位向量之方向與 A 相同，可表示成 $A = Au_A$

六、向量內積

　　兩向量 A 和 B 的內積寫成，讀作「A dot B」，定義為兩向量的大小與其夾角的餘弦函數的乘積，如圖 1-12 所示，其方程式之形式為：

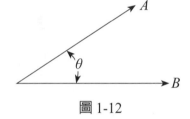

圖 1-12

$$A \times B = A\,B\,\cos\theta$$

1. 運算法則

　　(1) 交換律（commutative law）：$A \times B = B \times A$

　　(2) 與一純量相乘（multiplication by a scalar）：$a(A \times B) = (aA) \times B = A \times (aB) = (A \times B)a$

　　(3) 分配律（distributive law）：$A \times (B + D) = (A \times B) + (A \times D)$

2. 重點提示

　　(1) 向量內積可用來求解二向量的夾角或向量在某一方向的投影量。

　　(2) 向量 A 和 B 若表示成笛卡爾向量式，則向量內積為 $x，y，z$ 方向上各分量的乘積的代數和，即 $A.B = A_X B_X + A_Y B_Y + A_Z B_Z$。

(3) 由向量內積定義可知，二向量 A 和 B 的夾角 $\theta = \cos^{-1}(A.B/AB)$

(4) 向量 A 沿已知直線（其單位向量為 u）的投影量 $A = A.u$

例題 1

有一水平力作用於構架上，如圖 (a)，此力 $F = \{300\,j\}$N。

計算此力與桿件 AB 平行和垂直的分量大小。

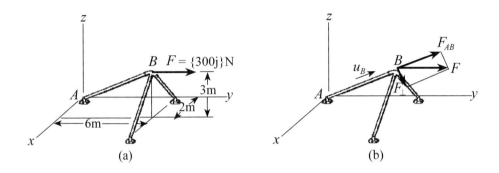

(a)　　　　　　　　　　(b)

解：

F 沿 AB 方向的分量大小等於作用力 F 和單位向量 u_B 的內積值，而 u_B 代表 AB 的方向，如上圖 (b) 所示

$$u_B = \frac{r_B}{r_B} = \frac{2i + 6j + 3k}{\sqrt{(2)^2 + (6)^2 + (3)^2}} = 0.286i + 0.857j + 0.429k$$

所以

$$F_{AB} = F\cos\theta = F \cdot u_B = (300j) \cdot (0.286i + 0.857j + 0.429k)$$

$$= (0)(0.286) + (300)(0.857) + (0)(0.429) = 257.1\text{N}$$

其內積值為正，表示 F_{AB} 和 u_B 同向，如圖 (b)。將 F_{AB} 表示成笛卡爾向量式，可得：

$$F_{AB} = F_{AB}\,u_B = (257.1\text{N})(0.286i + 0.857j + 0.429k)$$

$$= \{73.5i + 220j + 110k\}\text{N}$$

如圖 (b)，垂直分量為

$$F_\perp = F - F_{AB} = 300j - (73.5i + 220j + 110k)$$

$$= \{-73.5i + 80j - 110k\}\text{N}$$

其大小可由此向量或畢氏定律求得。

$$F_- = \sqrt{F^2 - F_{AB}^2} = \sqrt{(300)^2 - (257.1)^2} = 155\text{N}$$

第二章 力與力矩

2.1 力偶與力偶矩（Couple Moment of Couple）

在**經典力學**裡，**力偶**（couple）是一種只有**合力矩**（所有力矩的總合），沒有**淨力**的作用力系。作用於**剛體**，力偶能夠改變其**旋轉運動**，同時保持其**平移運動**不變。

力偶不會給予剛體質心任何加速度。力偶所產生的力矩稱為**力偶矩**。力偶矩是一種特別的力矩，是**自由向量**，不需要參考點。

最簡單的力偶是由兩個大小相同、方向相反、作用線相異的作用力組成。

一、簡單力偶

與作用力同線的直線稱為這作用力的**作用線**。作用於物體，力偶會給與物體一種旋轉效應或力偶矩。

假設施加於一物體的兩個作用線相異的作用力分別為 $F, -F$ 則其力偶矩 τ 的大小，以方程式表達為：

$$\tau = F*d$$

其中 d 是兩個作用力之間的垂直距離。力偶矩 τ 的方向垂直於包含這力偶的平面。

假設，兩個大小相等, 方向相反的作用力 F_1 與 F_2，分別施加於一個物體的位置 r_1 與 r_2 則淨力等於零：$F_1 + F_2 = 0$，而所產生的力矩 M 以方程式表達為：

$$M = r_1 * F_1 + r_2 * F_2 = r_{12} * F_1$$

其中 r_{12} 是兩個位置 r_1 與 r_2 之間的相對**位置**。

特別注意，由於是相對位置，不隨參考點的改變而改變，從物體上任何參考點觀測的力偶矩 M 都相等。因此，力偶矩是個自由**向量**，作用於物體的任何一點，效果都一樣，**力偶矩與參考點無關**。

在計算作用力的力矩時，必須先選擇某參考點 P，然後才能計算作用力對於參考點 P 的力矩。通常，假設參考點 P 的位置改變了，力矩也會改變。但是，力偶的力偶矩獨立於參考點 P，對於任意參考點，力偶矩都相同。換句話說，力偶矩是一個自由向量。這理論稱為**伐里農第二力矩定理**（Varignon's Second Moment Theorem）。

工程學裏，力偶是個很有用的概念。以下列出幾個實例：

當用手扭轉螺絲起子時，**螺絲起子**會感受到力偶。當用螺絲起子扭轉**螺絲釘**時，螺絲釘會感受到力偶。一個在水裏旋轉的**螺旋槳**推進器，會感受到由水**阻力**產生的力偶。

力的大小與力臂都會影響物體轉動的難易，我們將兩者的乘積稱為力矩。

1. 定義：能使物體繞支點產生轉動效應的物理量，稱為力矩。
2. 公式：力矩 = 作用力 × 力臂　即 $L = F \times d$
3. 單位：由力的單位及長度的單位導出來，如下表所示。

	力（F）	力臂（d）	力矩（L）
單位	公克重（gw）	公分（cm）	公克重‧公分（gw‧cm）
單位	公斤重（kgw）	公尺（m）	公斤重‧公尺（kgw‧cm）
單位	牛頓	公尺（m）	牛頓‧公尺（N‧m）

二、單拉換算

1. $1 \text{ kgw} \cdot \text{m} = 10^3 \times 10^2 \text{gw} \cdot \text{cm} = 10^5 \text{gw} \cdot \text{cm}$

2. $1 \text{ kgw} \cdot \text{m} = 9.8\text{N} \cdot \text{m}$

   力的單位：力的單位有重力單位，如公斤重（kgw）、公克重
   （gw）等；和絕對單位，如牛頓（N）等兩種。

   1 公斤重（kgw）= 9.8 牛頓（N）

3. 範例：大小均爲 100 牛頓的兩個力，分別作用於扳手上，但作用
   的位置並不相同，如下圖試求此兩種施力方式對轉軸的力矩大
   小？

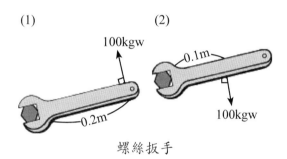

(1)　　　　　　　(2)

100kgw

0.1m

0.2m

100kgw

螺絲扳手

解：力矩 = 作用力 × 力臂

   (1) 力臂 = 0.2m，100kgw×0.2m = 20kgw・m

   (2) 力臂 = 0.1m，100kgw×0.1m = 10kgw・m

4. 力臂，作用力與力矩之關係

   (1) 若力臂的大小一定時，則作用力與力矩成正比。

   (2) 若作用力的大小一定時，則力臂與力矩成正比。

   (3) 若使物體旋轉的力矩一定時，則力臂與作用力成反比。

例題 1 ✍

一 2 吋管 20″ 長鋼管，於離中心 14″ 處承受一 25 lb 向下力量（如圖），
求端點 O 產生之彎矩（bending moment）及扭矩（torsion）

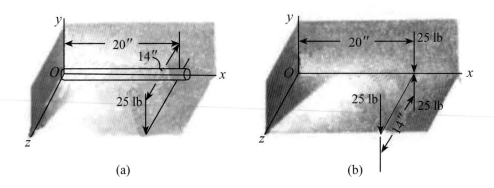

(a)   (b)

解：

(1) 彎矩 = −25*20 = −500 lb-in

(2) 扭矩 = 25*14 = 350 lb-in

三、共面力系（Coplanar Forces）

共面的力是在一個平面上的力。這意味著應用程序的所有點是平面
內，並且所有的力，以該平面平行。

例題 1 ✍

圓形半徑為 3ft，計算其合力及對圓中心之力矩。

解：

(1) 水平力 ΣF_h = +150 − 70.7 = +79.3 lb（向右）

(2) 垂直立 ΣF_V = +50 − 80 − 70.7 = −100.7（向下）

(3) 合力 = $[(79.3)^2 + (100.7)^2]^{1/2}$ = 128 lb

(4) 力矩 $128a = (+50*3 - 150*3 + 80*3 - 100*3) = -360$

(5) $a = 2.81\text{ft}$（從中心）

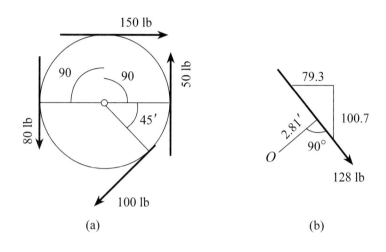

(a)　　　　　　　　　　(b)

四、並行系統（Concurrent System）

$$R = \sqrt{(\Sigma F_x)^2 + (\Sigma F_y)^2} \quad \text{and} \quad \tan\theta_x = \frac{\Sigma F_y}{\Sigma F_x}$$

ΣF_x，ΣF_y 是 X 方向與 Y 方向之數學總和，θ 是 R 與 X 軸之夾角

例題 1

如圖 (a)，A 點承受 25 lb 之吊重，計算 AB，AC 纜繩之應力。

解：

(1) 先取自由體（take free body）如圖 (b)

$$\Sigma F_x = 0 = +T_{AC}\frac{6}{\sqrt{40}} - T_{AB}\frac{4}{\sqrt{20}}$$

$$\Sigma F_y = 0 = T_{AC}\frac{2}{\sqrt{40}} + T_{AB}\frac{2}{\sqrt{20}} - 25$$

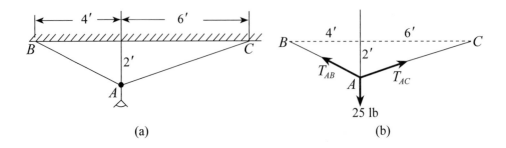

(a) (b)

(2) 解聯立方程式得：$T_{AB} = 33.6$ lb，$T_{AC} = 31.7$ LB

例題 2 ✎ ———————————————————————————

一 100lb 重圓球，半徑 16″，如圖 (a)，計算將圓球推過障礙物所須之水平力。

解：

(1) 先畫出自由體圖（take free body）如 (b)

(2) 計算反力通過圓心之角度 $= \theta = (\sin)^{-1}(14/16) = 60°$

(3) $\Sigma F_V = N\sin 61 - 100 = 0$，$N\sin 61 = 100$，$N = 114.3$ lb

$\Sigma F_h = P - N\cos 61 = 0$，$P = 55.4$ lb

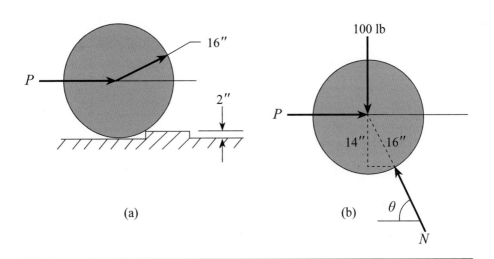

(a) (b)

例題 3 ✎

如圖 (a) 計算 AC 桿，及 BC 纜繩產生之應力。

解：

(1) 先畫出自由體圖（take free body）如圖 (b)

(2) $AB = [(20)^2 - (10)^2]^{1/2} = 17.3$，$\cos\theta = 17.3/20 = 0.866$

(3) $1200\text{kg} = 1200*9.8 = 11760\text{N}$（如以 1200kg 計算亦可）

(4) $\Sigma M_A = (F_1*AB) - (11760*10) = 0$　$F_1 = 6800\text{N}$，$F_2 = 13600\text{N}$

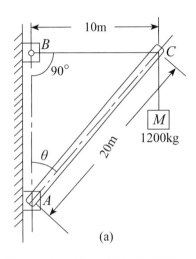

(a)

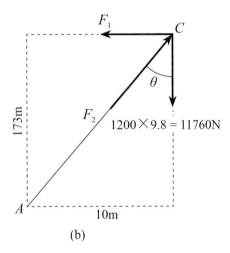

(b)

例題 4 ✎

桿 AB 重 10-lb/ft，計算纜繩 AC 之應力及 B 點之反力。

解：

(1) 畫自由體（take free body）圖 (b)

(2) 桿 AB 總重 $= 12*10 = 120$ lb

(3) $F_x = T\cos30° - R\cos30° = 0$

　　$F_y = T\sin30° + R\sin30° - 120 = 0$

(4) $T = R = 120$ lb

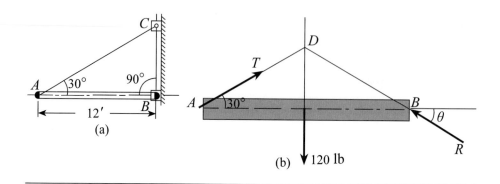

(a)

(b) ↓ 120 lb

例題 5

如下圖，計算 C，D 點之反力（載重爲 killo-newton, KN）。

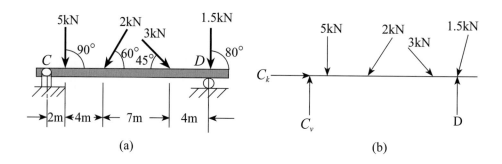

(a)

(b)

解：

(1) Take Free Body 圖 (b)

(2) $\Sigma F_h = C_h - 2\cos60° + 3\cos45° - 1.5\cos80° = 0$

    $C_h = 0.86\text{kN}$

(3) $\Sigma M_C = -5*2 - (2\sin60°)*6 - (3\sin45°)*13 - (1.5\sin80°)*17$

    $+D*17 = 0$，$D = 4.3\text{kN}$

(4) $\Sigma M_D = -C_V*17 + 5*15 + 2\sin60°*11 + 3\sin45°*4 = 0$

    $C_V = 6.023\text{kN}$

(5) $\Sigma F_V = 6.023 - 5 - 2*0.866 - 3*0.707 - 1.5*\sin80° + 4.30 = 0.06\text{kN}$

例題 6

如下圖之轆轤，A，B 兩點支撐 200 lb 之重量，假設不計摩擦力，如要讓轆轤靜止不動，計算曲柄須多大力量 P 及 A，B 之反力。

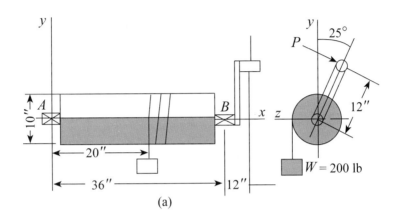

(a)

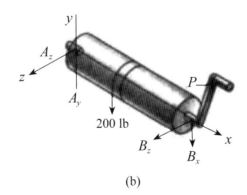

(b)

解：

(1) $\Sigma M_x = P*12 - 200*5 = 0$　$P = 83.3$ lb

(2) $\Sigma M_y = P\cos25°*48 - B_z*36 = 0$

(3) $\Sigma M_z = B_y*36 - P\sin25°*48 - 200*20 = 0$

(4) $B_y = 158$ lb，$B_z = 101$ lb

　　$\Sigma F_x = 0 = A_x - 200 + B_y - P\sin25°$

$$\Sigma F_z = 0 = A_z + B_y - P\cos25°$$

(5) $A_y = 77.2$ lb　　$A_z = -25.5$ lb

例題 7 ✒

如下圖 A，B 兩載重 $A = 40$ lb，$B = 30$ lb，假設 C 點之滑無摩擦，計算 θ 須幾度時 A，B 兩物可平衡不動。

解：

$$\Sigma F_A = 0 = +T - 40\sin30°　\text{ or }　T = 20 \text{ lb}$$

$$\Sigma F_B = 0 = +T - 30\sin\theta　\sin\theta = \frac{T}{30} = \frac{2}{3}　\theta = 41.8°$$

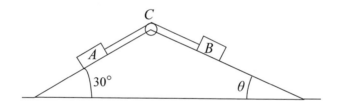

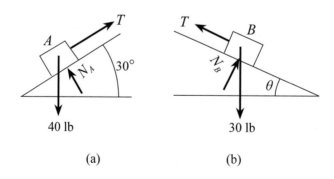

(a)　　　　　　　　(b)

例題 8 ✒

橫桿長 3.8M，插入牆壁 0.8M，計算 A，B 兩點之反力。

解:

$$\Sigma M_B = 0 = +1000 \times 3.8 + 372.4 \times 1.9 - 0.8A \quad A = 5630\text{N}$$

$$\Sigma M_A = 0 = +1000 \times 3.0 + 372.4 \times 1.1 - 0.8B \quad B = 4260\text{N}$$

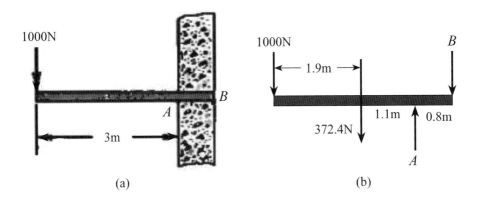

(a)　　　　　　　　　　　　(b)

第三章　桁架與梁

3.1　桁架

　　桁架（tusses）是由剛性之二力元件組成，組裝後如同單一物體的結構，二力元件（two-force member）是指只在二個端點上有受力的結構元件。

一、假設條件

1. 假設組成桁架之二力元件為無重量。
2. 力量由一元件通過結點傳送至另一元件（假設結點平滑無摩擦）。

例題 1

如下圖 (a) 之簡單三角形桁架，計算各桿件應力及反力。

解：

(1) Take Free Body (b)

(2) 取結點 (c)，(d)，(e)，(f)

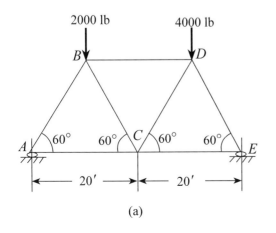

(a)

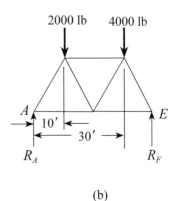

(b)

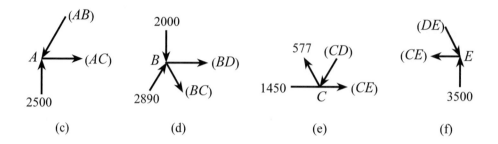

(c)　　　　　　　(d)　　　　　　　(e)　　　　　　　(f)

(1) 從圖 (b)

$$\Sigma M_A = 0 = R_F \times 40 - 4000 \times 30 - 2000 \times 10 \qquad R_F = 3500 \text{ lb}$$

$$\Sigma M_F = 0 = -R_A \times 40 + 2000 \times 30 + 4000 \times 10 \qquad R_A = 2500 \text{ lb}$$

(2) 從圖 (c)

$$\Sigma F_b = 0 = +(AC) - (AB)\cos60°$$

$$\Sigma F_x = 0 = +2500 - (AB)\sin60°$$

(3) $(A-B) = +2500/0.866 = +2890 \text{ lb}$　$(A-C) = (A-B)\cos60'' = +1450 \text{ lb}$

(4) 從圖 (d)

$$\Sigma F_b = 0 = (BD) + 2890\cos60° + (BC)\cos60°$$

$$\Sigma F_x = 0 = 2890\sin60° - 2000 - (BC)\sin60°$$

(5) $(B-C) = 577 \text{ lb}$，$(B-D) = -1730 \text{ lb}$

(6) $\Sigma F_h = 0 = (CE) - 1450 - 577\cos60° - (CD)\cos60°$

$$\Sigma F_x = 0 = +577\sin60° - (C)\sin60°$$

(7) $(C-D) = 577 \text{ lb}$，$(C-E) - 2020 \text{ lb}$

(8) $\Sigma F_x = 0 = 35(8) - (DE)\sin60°$

$$\Sigma F_h = 0 = (DE)\cos60° - (CE)$$

(9) $(D-E) = 4030 \text{ lb}$，$(C-E) - 2020 \text{ lb}$

例題 2 ✎

計算 *BD*，*CD*，*CE* 之應力（*A* 點 roler，*G* 點 hinge）

解：

(1) Take Free Body 如右下圖

(2) $\Sigma M_G = 0$

 (A1*36) − (1000N*12) − [1000N*(12cos30°)*2] − [2000N*(12cos30°)] = 0

(3) $A_V = 1490\text{N}$ $G_V = 2974\text{N}$

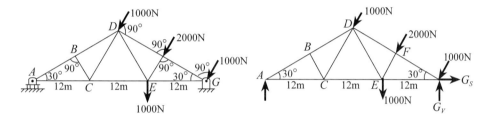

(4) $\Sigma M_C = 0 = -(BD) \times 6 - 1490 \times 12$

 $\Sigma M_D = 0 = -1490 \times 18 + (CE) \times 10.4$

 $\Sigma F_V = 0 = +1490 + (BD)\cos 60° + (CD)\cos\theta$

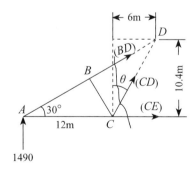

(5) $\theta = 6/10.4$ $\cos\theta = 0.866$ $(BD) = -2980\text{N}$，$(CE) = +2580\text{N}$

例題 3 ✎————————————————————

計算下圖各桿件之應力（三角形為正三角形）

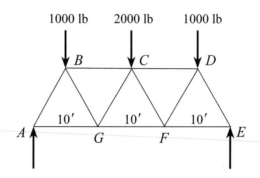

解：假設各結點之受力情況如下圖

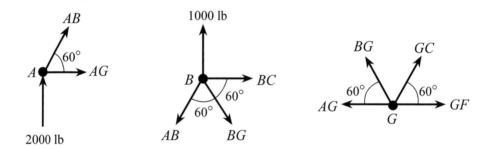

(1) $\Sigma F_y = AB\sin60° + 2000 = 0$ $AB = -2309$ lb C

    $\Sigma F_x = AG + AB\cos60° = 0$ $AG = +1155$ lb T

(2) $\Sigma F_y = -AB\cos30° - 1000 - BG\cos30° = 0$ $BG = +1155$ lb T

    $\Sigma F_x = -AB\sin30° + BG\sin30° + BC = 0$ $BC = -1732$ lb C

(3) $\Sigma F_y = BG\sin60° + GC\sin60° = 0$ $GC = -1155$ lb C

    $\Sigma F_x = -AG - BG\cos60° + GC\cos60° + GF = 0$ $GF = +2309$ lb T

    $DE = AB = -2309$ lb C

    $FE = AG + 1155$ lb T

(4) $DF = BG = +1155$ lb T

$CD = BC = -1732$ lb C

$CF = CG = -1155$ lb C

例題 4 ✍

計算下圖 FH，HG，IG，IK 桿件之應力（三角形爲正三角形）每一結點之外力爲 2KN（kilonewtones），三角形之邊常爲 4m 長

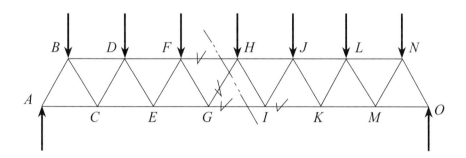

解：

$\Sigma M_G = 0 = -(FH) \times 2\tan 60° - 7 \times 12 + 2 \times 10 + 2 \times 6 + 2 \times 2 \quad (FH) = -13.9$kN C

$\Sigma M_H = 0 = +(GI) \times 2\tan 30° - 7 \times 14 + 2 \times 12 + 2 \times 8 + 2 \times 4 \quad (GI) = 14.4$kN T

$\Sigma F_D = 0 = +7 - 2 - 2 - 2 + (HG)\sin 60° \quad (HG) = -1.15$kN C

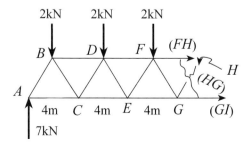

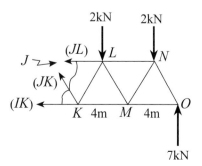

例題 5 ✎ ─────────────────────────────

假設下圖 *DC*，*DF*，*EF* 等桿件，各別最大承載力為 40 Kip (40,000 lb)，計算最大外力 *P* 是多少？

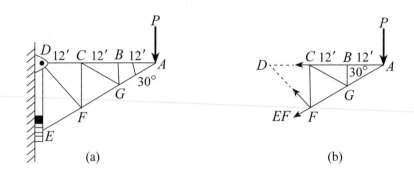

(a)   (b)

解：

$$\Sigma M_D = 0 = -36P - (EF\sin 30°)36 \quad \text{or} \quad EF = -2P$$

$$\Sigma M_F = 0 = DC \times 13.84 - 24P \quad \text{or} \quad DC = 1.73P$$

$$EF = 40,000 = 2P$$

$$P = 20,000 \text{ lb}$$

3.2　梁的定義

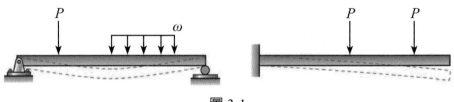

圖 3-1

一、梁的種類

　　梁（beams）的支撐方式有三種，分別是滾子支承（roller support）、

鉸鏈支承（hinge support）及固定支承（fixed support），其自由體圖如圖
3-2 所示。

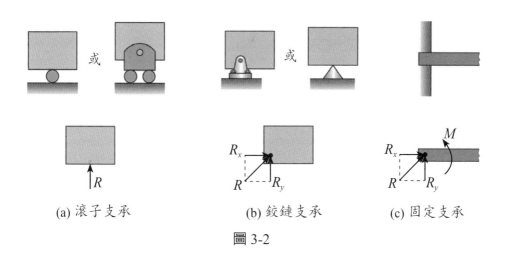

(a) 滾子支承　　　　(b) 鉸鏈支承　　　　(c) 固定支承

圖 3-2

二、梁之負荷

一般常見的有集中負荷、均布負荷、均變負荷及彎矩負荷四種，如圖
3-3 所示。

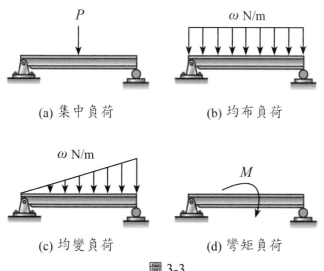

(a) 集中負荷　　　　(b) 均布負荷

(c) 均變負荷　　　　(d) 彎矩負荷

圖 3-3

1. 梁依其支撐及受力情況可分為：

(1) 簡支梁（simple beam）

(2) 懸臂梁（cantilever beam）

(3) 外伸梁（overhanging beam）

(4) 連續梁（continuous beam）

(5) 固定梁（fixed beam）

2. 靜定梁（statically determinate beam）

支承之未知反力可直接由靜力學之平衡方程式解之者謂之靜定梁不能直接以平衡方程式解之，則為靜不定梁（statically indeterminate beam）。

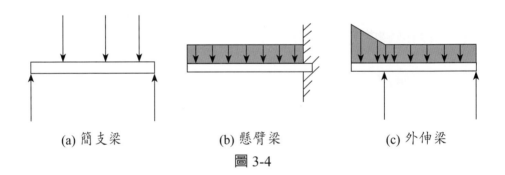

(a) 簡支梁　　　　(b) 懸臂梁　　　　(c) 外伸梁

圖 3-4

三、梁之基本荷重

1. 集中荷重（concentrated load）

2. 均布荷重（uniformly distributed load）

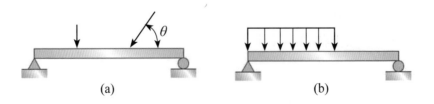

(a)　　　　　　　　　(b)

3. 變化荷重（varying load）

4. 力偶（couple）

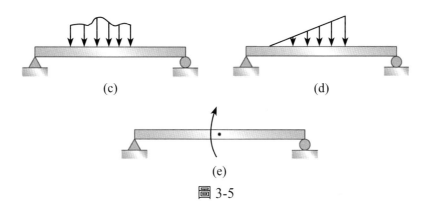

圖 3-5

四、剪力及彎曲力矩的圖解

梁承受負荷後，梁上各截面的剪力及彎曲力矩會隨著截面位置不同而不同。所以，我們常用圖形來表示梁上各截面的剪力及彎曲力矩的變化情形。

我們以剪力大小為縱座標，截面位置為橫座標，所畫出的剪力大小與截面位置之關係曲線，稱為剪力圖（shearing force diagram）。同理，我們以彎曲力矩大小為縱座標，截面位置為橫座標，所畫出的彎曲力矩大小與截面位置之關係曲線，稱為彎曲力矩圖，簡稱彎矩圖（bending moment diagram）。

1. 一般繪製剪力圖及彎矩圖之步驟如下：

   (1) 求得各支點反力。

   (2) 自梁上各個有負荷的點，拉一向下之垂直線。

   (3) 在適當位置繪出二條水平線，分別代表剪力圖之零線及彎矩圖之零線，並標註「V」代表剪力，「M」代表彎曲力矩。

(4) 剪力圖一般均習慣由左而右繪製，遇各種負荷而有不同之繪製方法：

① 沒有負荷：剪力圖為水平直線。

② 集中負荷：剪力圖為垂直線。

③ 均布負荷：剪力圖為傾斜直線。

④ **均變負荷：剪力圖為二次曲線（即為拋物線）。**

⑤ **彎矩負荷：剪力圖不受影響。**

(5) 彎矩圖各點之彎曲力矩大小，即為剪力圖中該點任一側之面積大小，唯須考慮其正負符號。另外，彎矩圖中因各種負荷而產生之曲線，恰為剪力圖之曲線多一次方的函數，各種負荷之曲線如下：

① 沒有負荷：彎矩圖為傾斜直線。沒有負荷：彎矩圖為傾斜直線。

② 集中負荷：彎矩圖為折線。

③ 均布負荷：彎矩圖為二次曲線（即為拋物線）。

④ 均變負荷：彎矩圖為三次曲線。

⑤ 彎矩負荷：彎矩圖為垂直線。

(6) 在剪力圖及彎矩圖中，須標示其正負符號。

(7) **彎曲力矩最大處之截面，稱為危險截面（dangeous section）危險截面之彎曲力矩最大，且其剪力為零或不連續，**若在梁中有若干處之剪力均為零時，則須計算出最大彎曲力矩，方可判斷何處為最危險截面。

(8) 在繪製彎矩圖時，必須將危險斷面之彎矩值標示出來，才算完整。

五、簡支梁承受集中負荷（範例）

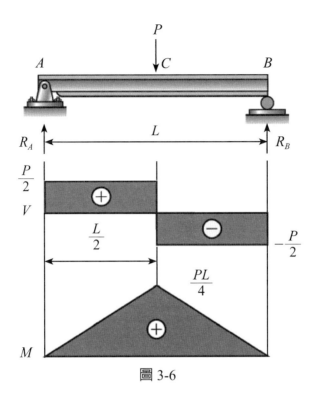

圖 3-6

1. 剪力圖之計算

(1)A 點為反力 R_A 向上，故由剪力圖左側之 0 點垂直向上 $\dfrac{P}{2}$。

(2)AC 段沒有負荷，故為水平線。

(3)C 點為集中負荷 P 向下，故剪力圖垂直向下 P，其座標為 $-\dfrac{P}{2}$。

(4)CB 段沒有負荷，故為水平線。

(5)B 點為反力 R_B 向上，故剪力圖垂直向上 $\dfrac{P}{2}$，並回到 0 點。

2. 彎矩圖之計算

(1)A 點及 B 點之彎曲力矩均為 0。

(2)AC 段沒有負荷，故為傾斜直線。

(3) C 點為集中負荷 P，故為折線，且 C 點之剪力為不連續，故在此有最大彎曲力矩。因梁變形後之凹口向上，故最大彎曲力矩為正值，且最大彎矩值為剪力圖 C 點左側之面積大小，故：

$$M_{max} = \frac{P}{2} \times \frac{L}{2} = \frac{PL}{4}$$

(4) CB 段沒有負荷，故為傾斜直線，並回到彎矩圖右側之 0 點。

六、簡支梁承受均布負荷（範例）

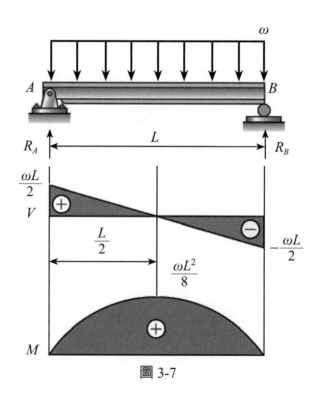

圖 3-7

1. 剪力圖，彎矩圖之計算

(1) 剪力圖：

① A 點為反力 R_A 向上，故由剪力圖左側之 0 點垂直向上 $\frac{\omega L}{2}$。

② *AB* 段爲均布負荷，故爲傾斜直線。且其共向下 ωL，故到達 *B*

點時之座標爲 $-\dfrac{\omega L}{2}$

③ *B* 點之反力爲 R_B 向上，故剪力圖垂直向上 $\dfrac{\omega L}{2}$，並回到 0 點。

(2) 變矩圖：

① *A* 點及 *B* 點之彎曲力矩均爲 0。

② *AB* 段爲均布負荷，故爲二次曲線（拋物線）。

③ 梁之中點的剪力爲 0，在此有最大變曲力矩，因梁變形後之凹

口向上，故最大彎曲力矩爲正值，且最大彎矩值爲剪力圖中點

左側之面積大小，故：

$$M_{max} = \frac{1}{2} \times \frac{\omega L}{2} \times \frac{L}{2} = \frac{\omega L^2}{8}$$

七、懸臂梁承受均布荷重（範例）

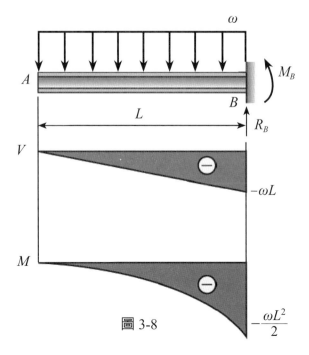

圖 3-8

- 剪力圖，彎矩圖之計算

    (1) 剪力圖：

    ① 在 A 點之剪力爲 0。

    ② AB 段爲均布負荷，故爲傾斜直線，且 B 點之剪力爲 $-\omega L$。

    ③ B 點爲反力 R_B 向上，故剪力圖垂直向上 ωL，並回到剪力圖右側之 0 點。

    (2) 彎矩圖：

    ① A 點之彎曲力矩爲 0。

    ② AB 段爲均布負荷，故爲二次曲線（拋物線）。

    ③ B 點之彎曲力矩爲 $M_B = -\dfrac{\omega L^2}{2}$，且梁變形後之凹口向下，故爲負值。且 B 點之彎曲力矩最大，故其最大彎曲力矩爲：

$$M_{max} = M_B = -\frac{\omega L^2}{2}$$

八、剪力及彎曲力矩的計算及圖解

1. 剪力及彎曲力矩的計算

(1) 剪力由 $\Sigma F_V = 0$ 取得

(2) 彎矩由 $\Sigma M = 0$ 取得

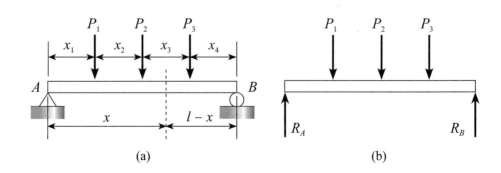

(a)　　　　　　　　　　　(b)

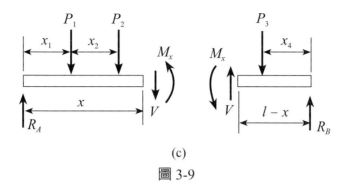

(c)

圖 3-9

2. 剪力及彎曲力矩之正負符號規定

剪力：順時針方向轉動之剪力為正，逆時針方向轉動為負。

彎矩：使梁之上緣受壓、下緣受拉之彎矩為正，反之為負。

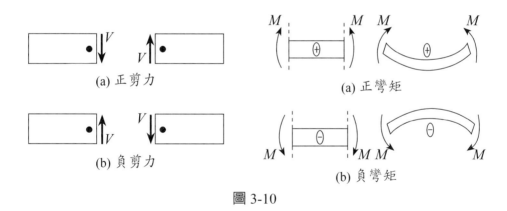

(a) 正剪力

(b) 負剪力

(a) 正彎矩

(b) 負彎矩

圖 3-10

例題 1

計算下圖之簡支梁計算支點反力及繪出各斷面剪力圖及彎矩圖。

解：

(1) 先求兩支端反力，依靜力平衡方程式

$$\Sigma F_y = 0 \ \text{及} \ \Sigma M_A = 0$$

得 $R_A = 60N$（↑），$R_B = 40N$（↑）

(2)列出各橫斷面之剪力及彎矩方程式：

① 取 AC 段以 A 端為原點（$0 \leq x \leq 2$），分離圖如圖 (d) 所示

$\Sigma F_y = 0$

$V_x - 60 = 0$

$\therefore V_x = 60N$……常數

$\Sigma M = 0$

$M_x - 60x = 0$

$\therefore M_x = 60x$……二元一次方程式（直線函數）

當在 A 端：$x = 0$，$M_A = 0$

當在 C 點：$x = 2$，$M_C = 120N \cdot m$

② 取 AB 段以 C 點為原點（$0 \leq x \leq 3$），分離圖如圖 (e) 所示

$\Sigma F_y = 0$

$V_x + 100 - 60 = 0$

$\therefore V_x = -40N$……常數

$\Sigma M = 0$

$M_x + 100x - 60(2 + x) = 0$

$\therefore M_x = 120 - 40x$……二元一次方程式（直線函數）

當在 C 點：$x = 0$，$M_C = 120N \cdot m$

當在 B 點：$x = 3$，$M_B = 0$

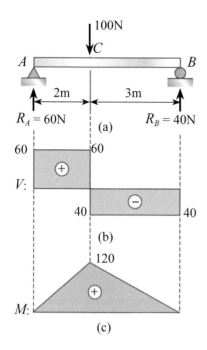

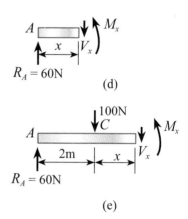

例題 2 ✎

計算下圖之簡支梁計算支點反力及繪出各斷面剪力圖及彎矩圖。

解：

（請自行計算）

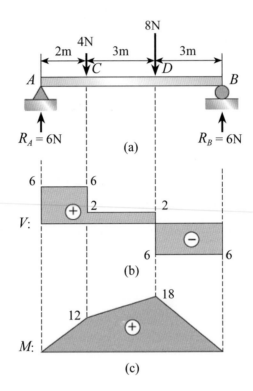

(a)

(b)

(c)

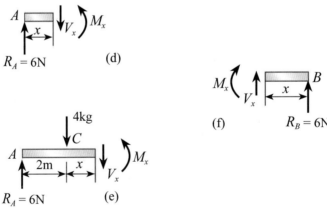

(d)

(e)

(f)

例題 3 ✍

計算下圖之簡支梁計算支點反力及繪出各斷面剪力圖及彎矩圖。

解：

（請自行計算）

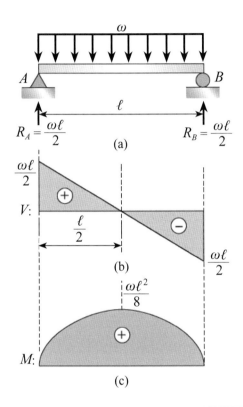

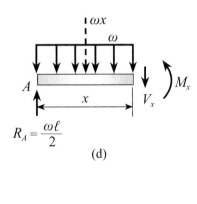

例題 4 ✍

計算下圖之簡支梁計算支點反力及繪出各斷面剪力圖及彎矩圖。

解：

（請自行計算）

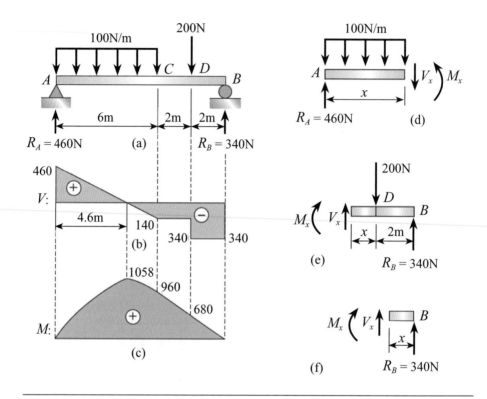

(a)

(b)

(c)

(d)

(e)

(f)

例題 5 ✎

下圖之懸臂梁,計算各點反力及繪出各斷面剪力圖及彎矩圖。

解:

取 AB 段以 A 端為原點 ($0 \le x \le \ell$)

其分離圖如圖 (d) 所示

$\Sigma F_y = 0$

$V_x + \omega x = 0$

$\therefore V_x = -\omega x$

當在 A 端時:$x = 0$,$V_A = 0$

當在 B 端時:$x = \ell$,$V_B = -\omega \ell$

$$\Sigma M = 0$$

$$M_x + \omega x \frac{x}{2} = 0$$

$$\therefore M_x = -\frac{\omega x^2}{2}$$

當在 A 端時：$x = 0$，$M_A = 0$

當在 B 端時：$x = \ell$，$M_B = -\dfrac{\omega \ell^2}{2}$

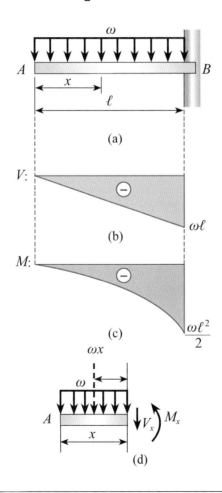

例題 6 ✐————————————————————

下圖之懸臂梁，計算各點反力及繪出各斷面剪力圖及彎矩圖。

解：

（請自行計算）

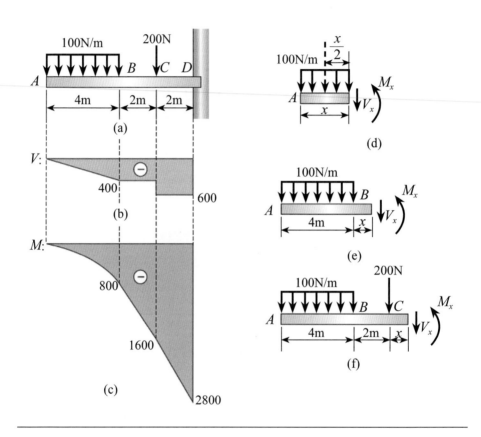

例題 7 ✐————————————————————

下圖之懸臂梁，計算各點反力及繪出各斷面剪力圖及彎矩圖。

解：

梁受力偶作用，僅對彎矩有影響而對剪力並無效應。

(1)取 *AB* 段以 *A* 端為原點（$0 \le x \le 4$）其分離圖如圖 (d) 所示，只受力

偶作用，故 $V_x = 0$

$\Sigma M = 0$

$M_x + 400 = 0$

(2) 取 AC 段以 B 點為原點（$0 \leq x \leq 3$）其分離圖如圖 (e) 所示

$\Sigma F_y = 0$

$V_x - 100 = 0$

$\therefore V_x = 100\text{N}$

$\Sigma M = 0$

$M_x + 400 + 100x = 0$

$\therefore M = -100x - 400$

當在 B 點：$x = 0$，$M_B = -400\text{N} \cdot \text{m}$

當在 C 點：$x = 3$，$M_C = -700\text{N} \cdot \text{m}$

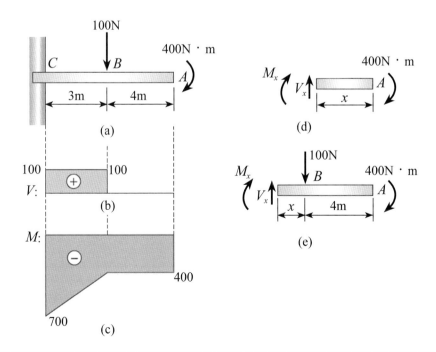

例題 8 ✐

下圖之懸臂梁，計算各點反力及繪出各斷面剪力圖及彎矩圖。

解：

（請自行計算）

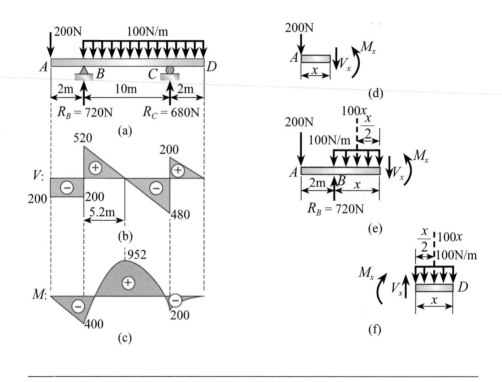

例題 9 ✐

下圖之懸臂梁，計算各點反力及繪出各斷面剪力圖及彎矩圖。

解：

（請自行計算）

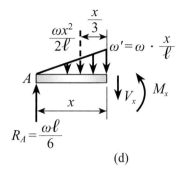

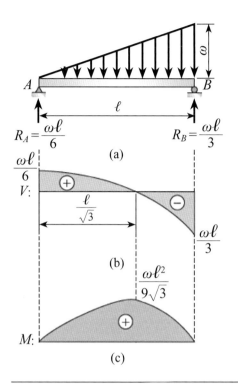

(a)

(b)

(c)

(d)

3.3　各種負荷種類及其剪力圖及彎矩圖

負荷種類	力偶		集中負荷	均布負荷	均變負荷
剪力圖	零	水平直線	水平直線	傾斜直線	拋物線
	———	⊖	⊕ ⊖	⊕ ⊖	⊕ ⊖
彎矩圖	水平直線	傾斜直線	傾斜直線	拋物線	三次曲線
	⊕	⊖	⊕	⊕	⊕

一、剪力圖與彎矩圖之關係

在剪力圖中，如剪力值由正變為負（或負變為正），則此處彎矩圖由正斜率變為負斜率（或負斜率變為正斜率），即在此產生最大彎矩。

任何兩截面間彎矩之差，等於兩截面間剪力圖之面積。

二、梁的彎曲應力

抗彎應力（bending stress）或稱為纖維應力（fiber stress）。

壓應力及剪應力為軸向應力。

抗剪應力（shearing stress）。

剪應力發生於垂直於軸向之橫斷面上。

三、梁內應力之假設

梁均為均質直梁，橫截面具有對稱軸。

應力與應變均依虎克定律。

拉力與壓力之彈性係數相等。

梁受負荷而彎曲前後之橫斷面均為平面且垂直縱向纖維。

四、剪力圖與彎矩圖之關係

在剪力圖中，如剪力值由正變為負（或負變為正），則此處彎矩圖由正斜率變為負斜率（或負斜率變為正斜率），即在此產生最大彎矩。

任何兩截面間彎矩之差，等於兩截面間剪力圖之面積。

五、梁的剪應力分析

$t_{max} = \dfrac{3V}{2A}$ 梁在承受負荷而產生彎曲變形後，在梁內因剪力所產生之應力，稱為梁之剪應力。梁的剪應力因其分布狀況不同，又分為垂直剪應力（vertical shear stress）與水平剪應力（horizontal shear stress）兩種。

1. 垂直剪應力（vertical shear stress, tV）

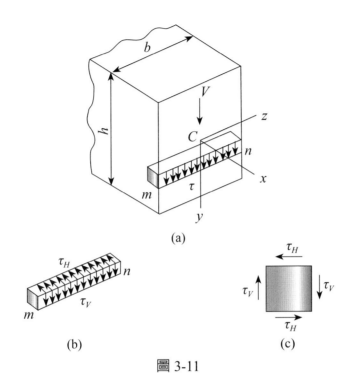

(a)

(b)   (c)

圖 3-11

2. 水平剪應力（horizontal shear stress, tH）

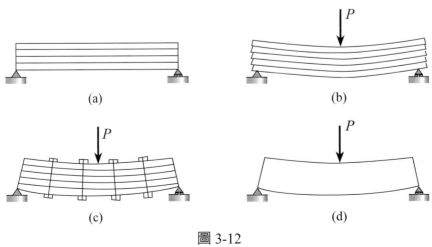

(a)   (b)

(c)   (d)

圖 3-12

六、剪應力的分布

梁的剪應力變化呈拋物曲線變化。在中立軸處剪應力為最大，在頂面與底面為零，則矩形截面在中立軸上之最大剪應力

$$t = \frac{VQ}{bI}$$

其中 Q 為切斷面以上之面積對中立軸之一次矩。

七、剪應力圖

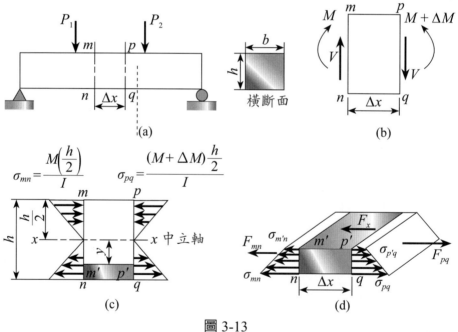

圖 3-13

例題 1

下圖工字型梁，其剪力為 2500N，計算最大剪應力。

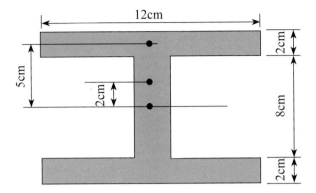

解：

中立軸在斷面中央，故

$$I = \frac{12 \times 12^3}{12} - \frac{10 \times 8^3}{12} = 1728 - 426.7 = 1301.3 \text{cm}^4$$

最大剪應力發生在斷面中立軸上，故 $b = 2$cm

$$Q = 12 \times 2 \times 5 + 2 \times 4 \times 2 = 136 \text{cm}^2$$

$$\therefore \tau_{max} = \frac{VQ}{bI} = \frac{2500 \times 136}{2 \times 1301.3} = 130.6 \text{N} \cdot \text{cm}^2 = 1.3 \text{MPa}$$

第四章　摩擦力

4.1　說明

摩擦力（friction）是阻止物體沿介面間的正切方向相對運動的力，可以發生在固體、流體層或材料分子間。摩擦力通常分成幾種形式：

1. 乾摩擦力：阻止固態物體表面相對運動的力。乾摩擦力也可以分成靜摩擦力與動摩擦力兩種。其中靜摩擦力是指兩物體尚未發生相對運動時，物體表面間的阻力。而動摩擦力則是物體已經產生相對運動時，物體表面間的阻力。

2. 潤滑摩擦力：在物體相對運動之間，存在一層流體層，此時所造成的摩擦力。

3. 流體摩擦力：不同的流體層相對流動，彼此間所造成的摩擦力。

4. 表面摩擦力：物體在流體中，受到流體在物體表面拖曳（drag），所造成的摩擦力。

5. 內部摩擦力：物體在形變過程中，內部分子間相對移動所造成的摩擦力。

摩擦力並不是物理學中最基本的作用力，它來自於帶電粒子之間的電磁力，包括電子、質子、原子和分子之間的作用力。摩擦力牽涉到分子尺度的微觀作用力，而又以巨觀尺度的現象表現出來，並不容易以基本的物理定律去計算摩擦力的大小，但摩擦力的大小可以利用實驗得知。

當物體接觸面有相對運動時，摩擦力會將物體的動能，轉換成為熱能。早期解釋動摩擦力的方式，是假想物體間的表面粗糙，因此造成相對運動間的阻力。但目前普遍接受的說法則認為，動摩擦力來自於物體表面

的化學鍵。在微米或奈米尺度的表面，物體粗糙程度或接觸面積不會影響動摩擦力的大小。

4.2 滑動摩擦

1. 兩物體的表面互相接觸，若欲使二者相對滑動，則接觸表面間即會產生摩擦力。

2. 當兩物體為相對靜止狀態，此摩擦力為**靜摩擦力**。

3. 當兩物體間有相對滑動狀態，此摩擦力為**動摩擦力**。

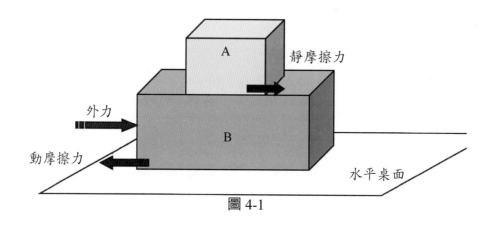

圖 4-1

4. 水平桌面上有一木塊 B，將另一木塊 A 平置於木塊 B 上（如圖 4-1）。

5. 施水平桌面上有一木塊 B，將另一木塊 A 平置於木塊 B 上（如圖 4-1）。

6. 施外力於木塊 B 之一側，使木塊 B 在水平桌面上滑動。

7. 若木塊 A 隨著木塊 B 移動，兩者為相對靜止狀態，則木塊 A 與木塊 B 間的摩擦力，即為**靜摩擦力**，也是讓木塊 A 移動的力量來源。

8. 因為木塊 B 與桌面間有相對滑動，故木塊 B 與桌面間的摩擦力為**動摩擦力**，阻擋木塊 B 的前進。

9. 外力於木塊 B 之一側，使木塊 B 在水平桌面上滑動。

10.物體所受的靜摩擦力不是定值。當兩物體的接觸面開始有相對滑動的瞬間，此時接觸面間的摩擦力稱爲**最大靜摩擦力**。也就是說物體所受的外力必須大於最大靜摩擦力，物體才會開始滑動。除此之外，當圓形物體滾動時，因圓形物體的接觸面隨時在改變，故所產生的滾動摩擦力很小。

4.3　摩擦力的計算

1. 當物體靜止時，其所受的靜摩擦力（f）會與外力（F）相等，**外力愈大，靜摩擦力愈大。**

2. 當物體開始滑動後，其所受的動摩擦力（f_k）即爲定值，**不隨外力的改變而改變。**

3. 當物體開始滑動的瞬間，其所受的最大靜摩擦力（f_s）與接觸面的正向力成正比，其比例常數爲**靜摩擦係數**（μ_s）。

4. 靜摩擦係數（μ_s）的大小決定於接觸面間的光滑程度。愈粗糙，靜摩擦係數（μ_s）愈大。

5. 最大靜摩擦力（f_s）與接觸面的正向力（N）的關係式爲：$f_s = N*\mu_s$ 當物體開始滑動後，其所受的動摩擦力（f_k）即爲定值，**動摩擦力（f_k）與接觸面的正向力（N）成正比，其比例常數為動摩擦係數（μ_k）。**

6. 動摩擦係數（μ_k）的大小決定於接觸面間的光滑程度。愈粗糙，動摩擦係數（μ_k）愈大。

7. 動摩擦力（f_k）與接觸面的正向力（N）的關係式爲：$f_k = N*\mu_k$（摩擦係數沒有單位）。

例題 1 ✎ ────────────────────────

如下圖。木塊 A 的重量為 5 公斤重，木塊 B 的重量為 10 公斤重，木塊 B 與桌面間的動摩擦係數為 0.4，所施外力為 67.8 牛頓，且木塊 A 隨著木塊 B 移動，兩者為相對靜止狀態。

(1) 計算木塊 B 與桌面間的動摩擦力為若干公斤重？相當於若干牛頓？

(2) 計算木塊 B 與木塊 A 運動時的加速度為若干公尺／秒平方？

(3) 計算木塊 B 與木塊 A 間的靜摩擦力為若干牛頓？

解：

(1) 木塊 B 與桌面間的正向作用力 $N = 10 + 5 = 15$（公斤）

木塊 B 與桌面間的動摩擦力 $f_k = 5*0.4 = 6$（公斤）$= 58.8$（牛頓）

(2) 木塊 B 與木塊 A 所受的合力 $F = 67.8 - 58.8 = 9$（牛頓）

$\because F = ma$　$\therefore 9 = (10 + 5)a$　$\therefore a = 0.6$（公尺／秒平方）

(3) 讓木塊 A 移動的力量來源是木塊 A 與木塊 B 間的靜摩擦力。

$\therefore f = 5(0.6) = 3$（牛頓）

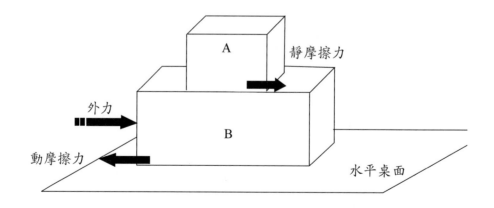

例題 2 ✎

以手將木板緊壓在牆壁上，使木板不下滑。如果木板的重量為 6 公斤重，木板與牆壁間與木板與手間的靜摩擦係數分別為 0.25 及 0.35。

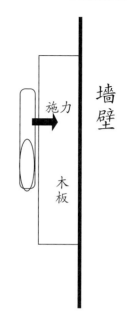

解：

木板會下滑是因為木板受到重力作用。如果欲使木板不致下滑，需利用最大靜摩擦力平衡重力。

最大靜摩擦力（f_s）與手施的正向力（N）的關係式為：$f_s = N*\mu_s$

$\therefore 6 = f_s = N*0.25 + N*0.35$

$\therefore N = 10$（公斤）

例題 3 ✎

埃及的古夫金字塔是由 260 萬塊，每塊至少重 2.5 公噸的大石塊所堆砌建造而成。建造金字塔的方法，據推測是工人先建造一個斜坡，再利用斜面將石塊推至高處，然後置放到金字塔內的固定位置上，且斜坡底與高的比例 10：1。

假設斜面與石塊間的靜摩擦係數為 0.5，動摩擦係數為 0.25，試計算工人在斜面上欲將石塊往上拉動，最少需施力若干公斤重？當石塊在斜面上移動時，工人最少需施力若干公斤重，才能將石塊持續往上拉動？

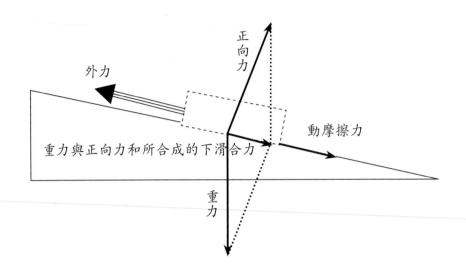

解：

　∵斜面的比例爲 10：1（θ 爲斜面底角）

　　即 $\tan\theta = 0.1$，$\sin\theta = 0.1$，$\cos\theta = 0.99$

　∵石塊所受的重力爲 2.5 公噸，

　∴石塊所受的斜面正向力 N 爲 2.5*0.99 = 2.48（公噸）

　∴石塊所受重力與斜面正向力二者的合力爲 2.5*0.1 = 0.25（公噸）

　　方向爲沿斜面向下

　∴石塊受到斜面的摩擦力：

　　$f_s = 2.48(0.5) = 1.24$（公噸）；$f_k = 2.48*0.25 = 0.62$（公噸）

　∴工人在斜面上欲將石塊往上拉動，最少需施外力

　　$F = 0.25 + 1.24 = 1.49$（公噸重）= 1490（公斤）

　∴工人將石塊持續往上拉動，最少需施力

　　$F = 0.25 + 0.62 = 0.87$（公噸）= 870（公斤）

　　若每位工人的有效施力爲 20 公斤，則至少需 75 人

　　（1490÷20 ≒ 75），才能將石塊沿斜面向上拉動！

爲減少摩擦，古代埃及工人在石塊下放置滾木，以滾動摩擦代替滑動摩擦，並藉助畜力幫忙，將石塊擺放在工程師所設定的位置上。

例題 4 ✐

如下圖，設計條件：

(1) B 的垂直力 $= 9\text{kg} = 9*9.8 = 88.2\text{N}$，

(2) A 的垂直力 $= 14\text{kg} = 14*9.8 = 137\text{N}$

(3) A，B 摩擦系數 $= 1/4$，A 與地板摩擦系數 $= 1/3$

計算 A 開始移動時 P 之力量

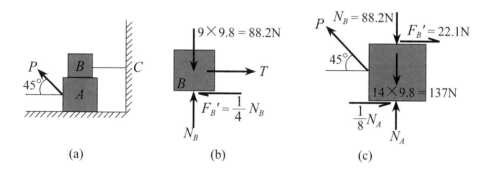

(a)　　　　　　(b)　　　　　　(c)

解：

$$\Sigma F_b = 0 = -P\cos45° + \frac{N_A}{3} + 22.1$$

$$\Sigma F_a = 0 = +P\sin45° + N_A - 137 - 88.2$$

得：$P = 104\text{N}$，$N_A = 152\text{N}$

例題 5 ✐

如下圖設計條件：請參看圖 (a)，所有摩擦系數 $= 1/3$，計算平衡狀態時之 θ 角。

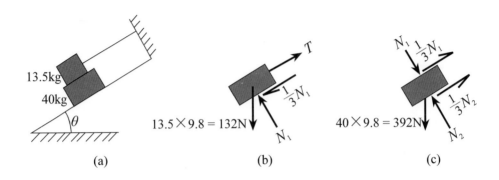

(a)　　　　　　　　　(b)　　　　　　　　　(c)

解：

$$\Sigma F_a = 0 = -392\sin\theta + \frac{1}{3}N_1 + \frac{1}{3}N_2$$

$$\Sigma F = 0 = N_2 - 392\cos\theta - N_1$$

$$\theta = 29.1°$$

例題 6 ✐

如下圖設計條件：摩擦系數 = 0.25，計算可移動物體之最小拉力 P。

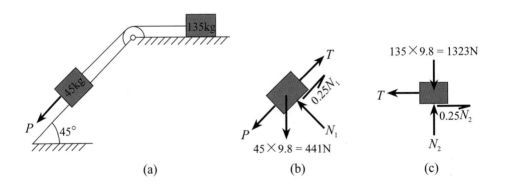

(a)　　　　　　　　　(b)　　　　　　　　　(c)

解：

$$T = 135*9.8*0.25 = 331\text{N}$$

$$P + 441\cos45° = T + 441\sin45°*0.25$$

$$P = 97.1\text{N}$$

例題 7 ✐

如下圖設計條件：摩擦系數 = 0.20，計算可移動物體之最小拉力 P 及角度 θ。

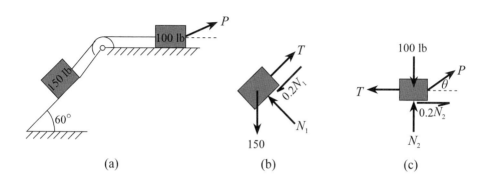

(a)	(b)	(c)

解：

$$\Sigma F_h = 0 = P\cos\theta - 0.20N_2 - 145$$

$$\Sigma F_v = 0 = P\sin\theta + N_2 - 100$$

$$P = \frac{165}{\cos\theta + 0.20\sin\theta}$$

$$\frac{d}{d\theta}(\cos\theta + 0.20\sin\theta) = -\sin\theta + 0.20\cos\theta = 0$$

$$\theta = \tan^{-1}0.20 = 11°20'$$

$$P = \frac{165}{\cos11°20' + 0.20\sin11°20'} = 162 \text{ lb}$$

例題 8 ✎

如下圖設計條件：摩擦系數 = 0.25，試計算水平力 180N 是否能阻止 100kg 之圓球滑動。

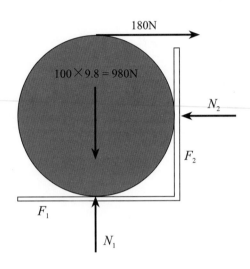

180N

$100 \times 9.8 = 980N$

N_2

F_2

F_1

N_1

解：

$\Sigma F_h = 0 = F_1 - N_2 + 180$

$\Sigma F_v = 0 = N_1 + F_2 - 980$

$\Sigma M_A = 0 = -180 \times 2r + F_2 \times r + N_2 \times r$

得：$N_1 = 908N$，$N_2 = 288N$，$F_1 = 108N$，$F_2 = 72N$

第五章 平面的性質

5.1 形心特性及慣性矩

1. 重心：凡物體內之一點，無論物體之位置如何變更，其重力之作用線必經該點，則此點稱為重心。

2. 形心：物體幾何形狀之中心位置，其中心位置稱為形心。

3. 質心：凡物體之各部質量，可用一點代替全部質量，此點即為質量中心，簡稱質心。

4. 形心之特性：

   (1) 形心之位置是利用力矩原理求得。

   (2) 形心必在該幾何圖形之對稱軸（面）上。

   (3) 面積之形心對稱於一軸，則其形心將在該軸上。

   (4) 面積之形心對稱於二軸，則其形心將在該二軸交點上。

   (5) 對稱中心必為形心，但形心不一定為對稱中心。

5.2 慣性（Inertia）

簡單來說，乃物體持續維持不變的行為。

伽利略提出：一個不受任何外力（或者合外力為 0）的物體將保持靜止或勻速直線運動。

牛頓提出：所有物體都將一直處於靜止或者勻速直線運動狀態，直到出現施加其上的力改變它的運動狀態為止。

轉動慣量也稱慣性矩（moment of inertia），為物體對旋轉運動的慣性。比較直線運動與旋轉運動得

$$F = ma = m(dv / dt) = I = I(d / dt)$$

其中，F 為力（N）、m 為質量（kg）、a 為加速度（m/s²）、v 為速度（m/s）為扭矩（N-m）、I 為轉動慣量或慣性矩（kg-m²）、為角加速度（rad/s²）、為角速度（rad/s）。

5.3 轉動慣量或慣性矩（Moment of Inertia）

為物體對旋轉運動的慣性。比較直線運動與旋轉運動得 $F = ma = mdv / dt$……直線運動

$$\tau = I\alpha = I \, d\omega / dt \cdots\cdots 旋轉運動$$

其中，F 為力（N）、m 為質量（kg）、a 為加速度（m/s²）、v 為速度（m/s）；τ 為扭矩（N-m）、I 為轉動慣量或慣性矩（kg-m²）、α 為角加速度（rad/s²）、ω 為角速度（rad/s）

$$v = r\omega$$
$$I = mr^2$$
$$\tau = rF = rmdv / dt = mr2d\omega / dt = I\alpha$$

一般物件的動能 K，用轉動力學的定義取代：$K = 1 / 2mv^2 = 1 / 2m \, (r\omega)^2 = 1/2 \, I\omega^2$

5.4 慣性矩（Moment of Inertia）

面積之慣性矩，等於該面積之各微小面積乘以各微小面積至轉軸距離平方之總和，面積之慣性矩恆為正值，且為長度之四次方。

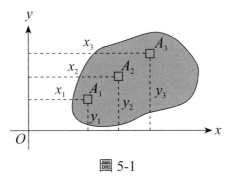

圖 5-1

5.5　截面係數

　　面積之慣性矩（I）除以由中立軸至截面最遠邊緣之距離（d），或稱為剖面係數，通常以 Z 表示，截面係數的單位為長度之三次方

$$Z = \frac{I}{d}$$

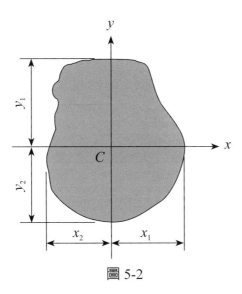

圖 5-2

5.6 平行軸定理與迴轉半徑

慣性矩為面積與長度平方之乘積，此長度稱為此面積對該軸之迴轉半徑（radius of gyration），即：

$$K_x = \sqrt{\frac{I_x}{A}} \ , \ K_y = \sqrt{\frac{I_y}{A}} \ , \ K_z = \sqrt{\frac{I_z}{A}}$$

一面積對任一軸之迴轉半徑恆大於其形心至該軸之距離。

例題 1

如圖所示，面積為 80cm^2，對 a 軸之慣性矩為 1600cm^4，此面積之形心位於 C 點，試求其對 b 軸之慣性矩及迴轉半徑各為若干？

解：

$A = 80\text{cm}^2 \ , \ I_a = 1600\text{cm}^4$

由 $I_a = I_C + A\ell^2$

$\therefore 1600 = I_C + 80 \times 3^2 \ , \ I_C = 880\text{cm}^4$

另 $I_b = I_C + A\ell^2 = 880 + 80 \times 5^2 = 2880\text{cm}^4$

$K_b = \sqrt{\frac{I_b}{A}} = \sqrt{\frac{2880}{80}} = 6\text{cm}$

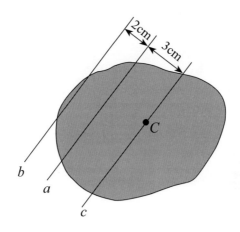

5.7 簡單面積之慣性矩

	面積	慣性矩	迴轉半徑
1. 矩形		$I_c = \dfrac{bh^3}{12}$ $I_x = \dfrac{bh^3}{3}$	$k_c = \dfrac{h}{\sqrt{12}}$ $k_x = \dfrac{h}{\sqrt{3}}$
2. 三角形		$I_c = \dfrac{bh^3}{36}$ $I_x = \dfrac{bh^3}{12}$	$k_c = \dfrac{h}{\sqrt{18}}$ $k_x = \dfrac{h}{\sqrt{6}}$
3. 圖形		$I_c = \dfrac{\pi r^4}{4}$	$k_c = \dfrac{r}{2}$
4. 半圓形		$I_c = 0.11r^4$ $I_x = \dfrac{\pi r^4}{8}$	$k_c = 0.264r$ $k_x = \dfrac{r}{2}$

5.8　組合面積之慣性矩

組合面積慣性矩之求法相當類似於求組合面積之形心，通常求解步驟如下：

將組合面積分割爲幾個簡單形狀之面積。

求出每個簡單面積之形心慣性矩。

轉換每個簡單面積之形心慣性矩至一平行參考軸。

將各簡單形狀對參考軸之慣性矩全部加起來，即爲組合面積對參考軸之慣性矩，但應注意的是切除部分之面積爲負值，而其他爲正值。

例題 1

試求著色部分 (a) 之面積對 x 軸之慣性矩。

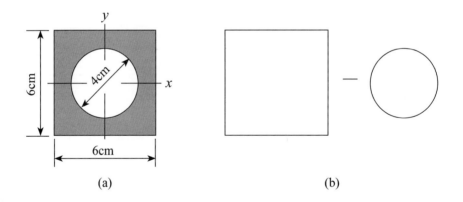

(a)　　　　　　　　　　　　　　　(b)

解：

組合面積可分爲一正方形面積減圓形面積，如圖 (b)

$$I_x = \frac{6 \times 6^3}{12} - \frac{\pi \times 4^4}{64} = 108 - 12.56 = 95.44 \text{cm}^4$$

例題 2 ✎

試求圖 (a) 所示著色部分面積對 x_1 軸及 x_2 軸之慣性矩。

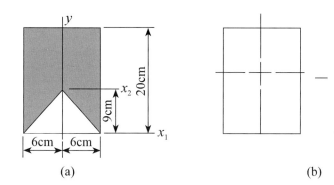

(a)　　　　　　　　　　　　(b)

解：

著色部分面積為矩形面積減三角形面積；對 x_1 軸之慣性矩 I_{x1}

$$I_{x1} = \frac{12 \times 20^3}{3} - \frac{12 \times 9^3}{12} = 32000 - 729 = 31271 \text{cm}^4$$

對 x_2 軸之慣性矩 I_{x2}

$$I_{x2} = \left[\frac{12 \times 20^3}{12} + 12 \times 20 \times (10 - 9)^2 \right] - \left[\frac{12 \times 9^3}{36} + \frac{1}{2} \times 12 \times 18 \times \left(\frac{2}{3} \times 9 \right) \right]$$

$$= 8240 - 891 = 7349 \text{cm}^4$$

例題 3 ✎

試求圖 (a) 所示 L 型斷面對水平形心軸之慣性矩 I_x 及迴轉半徑 K_x

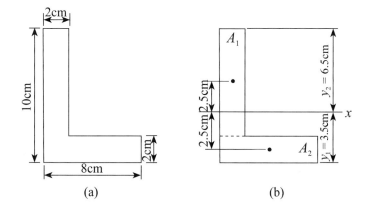

(a)　　　　　　　　　　　　(b)

解:

將 L 形斷面分為二個長方形面積 A_1 及 A_2,形心位置為 y_1 及 y_2

$$y_1 = \frac{8 \times 2 \times 1 + 8 \times 2 \times 6}{8 \times 2 + 8 \times 2} = 3.5\text{cm}$$

A_1 對 x 軸之慣性矩 I_{x1} 為

$$I_{x1} = \frac{2 \times 8^3}{12} + 2 \times 8 \times (6.5 - 4)^2 = 185\text{cm}^4$$

A_2 對 x 軸之慣性矩 I_{x2} 為

$$I_{x2} = \frac{8 \times 3^3}{12} + 8 \times 2 \times (3.5 - 1)^2 = 105\text{cm}^4$$

$$I_x = I_{x1} + I_{x2} = 185 + 105 = 290\text{cm}^4$$

$$K_x = \sqrt{\frac{I_x}{A}} = \sqrt{\frac{290}{8 \times 2 + 2 \times 8}} = 3\text{cm}$$

5.9 極慣性矩

一面積對與其所在平面之垂直軸的極慣性矩(polar moment of inertia)等於該面積對其所在平面內之任兩相互垂直之軸的慣性矩之和。

極慣性矩 $J = I_x + I_y$

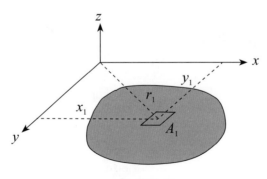

極慣性矩

圖 5-3

例題 1 ✎

若面積 A 對 x 軸及 y 軸之慣性矩分別為 $I_x = 600\text{mm}^4$，$I_y = 900\text{mm}^4$，計算：對 X, Y, Z 軸交點之極慣性矩。

解：

極慣性矩 $J = I_x + I_y = 600 + 900 = 1500\text{mm}^4$

5.10　旋轉體的表面積

Pappus 及 Guldinus 提出旋轉體的表面積與體積的計算定理。取旋轉體的表面上在與旋轉方向的垂直方向之微小距離（dL），旋轉處的半徑（r），則環狀微小體之面積（dA）：

$$dA = 2\pi r \, dL$$

$$A = \int 2\pi r \, dL = 2\pi \int r \, dL = 2\pi \gamma \, L$$

其中，A 為旋轉體從中心軸到旋轉體的表面之面積，γ 為 A 的面心位置座標上，式稱為 Pappus 及 Guldinus 的第二定理。

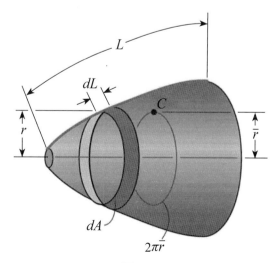

圖 5-4

5.11 旋轉體的體積

取旋轉體的旋轉方向上之微小面積（dA），則從中心軸到旋轉體的表面之面積（A）乘上旋轉圓周長（2r），旋轉體之微小體積（dV）為：

$$dV = 2\pi r\, dA$$

$$V = \int 2\pi r\, dA = 2\pi \int r\, dA = 2\pi \gamma\, A$$

其中，γ 為旋轉體從中心軸到旋轉體的表面之面積（A）的面心位置座標。當旋轉體的旋轉角度為時，則旋轉體的體積（V）為 $V = \theta \gamma A$。

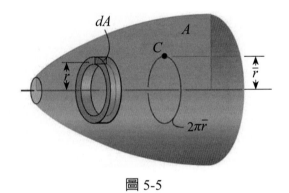

圖 5-5

5.12 各種形狀斷面慣性

圖	面積（F）	慣性矩（I）	重心位置（y_c）	慣性半徑（i）	截面係數（W）
	$F = \dfrac{\pi}{4}D^2$ $(1 - C^2)$ $C = \dfrac{d}{D}$	$I_x = I_y$ $= \dfrac{\pi}{64}D^4$ $(1 - C^4)$	$y_c = \dfrac{D}{2}$	$i_x = i_y$ $= \dfrac{D}{4}$ $\sqrt{1 + C^2}$	$W_x = W_y$ $= \dfrac{\pi}{32}D^3$ $(1 - C^2)$

圖	面積 (F)	慣性矩 (I)	重心位置 (y_c)	慣性半徑 (i)	截面係數 (W)
	$F = \dfrac{\pi}{8} D^2$	$I_x = \dfrac{\pi}{128} D^4$ $\left(1 - \dfrac{64}{9\pi^2}\right)$ $\approx 0.00685 D^4$ $I_y = \dfrac{\pi}{128} D^4$	$y_c = \dfrac{2D}{3\pi}$		
	$F = \dfrac{\pi}{4} hb$	$I_x = \dfrac{\pi}{64} bh^3$ $I_y = \dfrac{\pi}{64} hb^3$	$y_c = \dfrac{h}{2}$	$i_x = \dfrac{h}{4}$ $i_y = \dfrac{b}{4}$	$W_x = \dfrac{\pi}{32} bh^2$ $W_y = \dfrac{\pi}{32} hb^2$
	$F = \dfrac{h}{2}$ $(b+B)$	$I_x = \dfrac{h^3}{36} \cdot$ $\dfrac{B^2 + 4Bb + b^2}{B+b}$	$y_c = \dfrac{h}{3} \cdot$ $\dfrac{(2b+B)}{b+B}$		
	$F = bH +$ ch	$I_x = \dfrac{1}{3}\,[by_1^3 +$ $By_c^3 - c(y_c - h)^3]$	$y_c = \dfrac{bH^2 + ch^2}{2(bH + ch)}$ $y_1 = H - y_c$		
	$F = bH +$ $(B - b)\,h$	$I_x = \dfrac{bH^3 + ch^3}{12}$ $I_y =$ $\dfrac{hB^3 + (H-h)b^3}{12}$			$W_x = \dfrac{bH^3 + ch^3}{6H}$ $W_y =$ $\dfrac{hB^3 + (H-h)b^3}{6B}$

圖	面積 (F)	慣性矩 (I)	重心位置 (y_c)	慣性半徑 (i)	截面係數 (W)
	$F = ch + (H-t)B + et$	$I_x = \dfrac{1}{3}[By_C^3 - c(y_c-h)^3 + ey_1^3 - (e-b)(y_1-t)^3]$	$y_c = \dfrac{1}{2F}[ch^2 + b(H-t)^2 + te(2H-t)]$ $y_1 = H - y_c$		
	$F = b(2h-b)$	$I_x = \dfrac{1}{24}[(h+b)^4 - (h-b)^4 - 2b^4] - \dfrac{bh^4}{2(2h-b)}$ $I_y = \dfrac{1}{24}[(h+b)^4] - (h-b)^4 - 2b^4 - 12b^2h^2]$	$y_c = \dfrac{h^3}{\sqrt{2}(2h-b)}$ $y_1 = \dfrac{h^2+hb-b^2}{\sqrt{2}(2h-b)}$		
		$I_x = \dfrac{BH^3 - bh^3}{12}$	$e = \dfrac{cB^2 + hd^3}{2(cB+hd)}$		$W_x = \dfrac{BH^3 - bh^3}{6H}$

第六章　截面的幾何性質

6.1　截面的靜矩和形心位置

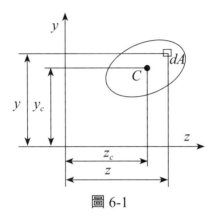

圖 6-1

如圖 6-1 所示，平面圖形代表一任意截面，以下兩積分：

$$S_x = \int_A y\,dA \left.\vphantom{\int}\right\}$$
$$S_y = \int_A z\,dA \left.\vphantom{\int}\right\}$$

分別定義爲該截面對於 z 軸和 y 軸的靜矩。

靜矩可確定截面的形心位置。由靜力學中確定物體重心的公式可得：

$$y_C = \frac{\int_A y\,dA}{A} \left.\vphantom{\int}\right\}$$
$$z_C = \frac{\int_A z\,dA}{A} \left.\vphantom{\int}\right\}$$

上式也可寫成：

$$y_C = \frac{\int_A y dA}{A} = \frac{S_z}{A} \left.\begin{matrix}\\\\\end{matrix}\right\}$$
$$z_C = \frac{\int_A z dA}{A} = \frac{S_y}{A}$$

則：
$$\left.\begin{matrix}S_z = A y_C\\ S_y = A z_C\end{matrix}\right\}$$

$$y_C = \frac{S_z}{A}$$
$$z_C = \frac{S_y}{A}$$

如果一個平面圖形是由若干個簡單圖形組成的組合圖形，則由靜矩的定義可知，整個圖形對某一坐標軸的靜矩應該等於各簡單圖形對同一坐標軸的靜矩的代數和。即：

$$S_z = \sum_{i-1}^{n} A_i y_{ci} \left.\begin{matrix}\\\\\end{matrix}\right\}$$
$$S_y = \sum_{i-1}^{n} A_i z_{ci}$$

式中 A_i、y_{ci} 和 z_{ci} 分別表示某一組成部分的面積和其形心座標，n 為簡單圖形的個數。

例題 1 ✐

如圖所示為對稱 T 型截面，求該截面的形心位置。

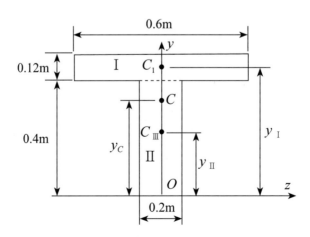

解：

建立直角坐標系 zO_y，其中 y 爲截面的對稱軸。因圖形相對於 y 軸對稱，其形心一定在該對稱軸上，因此：

$z_C = 0$，只需計算 y_C 值。將截面分成 Ⅰ、Ⅱ 兩個矩形，則

$A_Ⅰ = 0.072\text{m}^2$，$A_Ⅱ = 0.08\text{m}^2$　$y_Ⅰ = 0.46\text{m}$，$y_Ⅱ = 0.2\text{m}$

$$y_c = \frac{\sum\limits_{i-1}^{n} A_i y_{ci}}{\sum\limits_{i-1}^{n} A_i} = \frac{A_Ⅰ y_Ⅰ + A_Ⅱ y_Ⅱ}{A_Ⅰ + A_Ⅱ} = \frac{0.072 \times 0.46 + 0.08 \times 0.2}{0.072 + 0.08} = 0.323\text{m}$$

6.2　慣性矩、慣性積和極慣性矩

如圖 6-2 所示，平面圖形代表一任意截面，在圖形平面內建立直角坐標系 zO_y。現在圖形內取微面積 dA，dA 的形心在坐標系 zO_y 中的座標爲 y 和 z，到座標原點的距離爲 ρ。現定義 $y^2 dA$ 和 $z^2 dA$ 爲微面積 dA 對 z 軸和 y 軸的**慣性矩**，$\rho^2 dA$ 爲微面積 dA 對座標原點的**極慣性矩**，而以下三個積分：

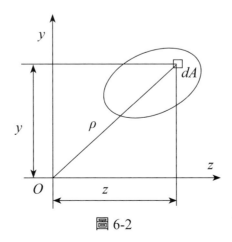

圖 6-2

$$
\left.\begin{array}{l}
I_z = \int_A y^2 dA \\[2mm]
I_y = \int_A y^2 dA \\[2mm]
I_p = \int_A \rho^2 dA
\end{array}\right\}
$$

$$
\rho^2 = y^2 + z^2 \qquad\qquad \therefore I_P = \int_A \rho^2 dA = \int_A (y^2 + z^2) dA = I_z + I_y
$$

分別定義為該截面對於 z 軸和 y 軸的慣性矩以及對座標原點的極慣性矩。

即任意截面對一點的極慣性矩，等於截面對以該點為原點的兩任意正交坐標軸的慣性矩之和。

另外，微面積 dA 與它到兩軸距離的乘積 $zydA$ 稱為微面積 dA 對 y、z 軸的**慣性積**，而積分：

$$
I_{yz} = \int_A zy dA
$$

定義為該截面對於 y、z 軸的慣性積。

上述定義可見，同一截面對於不同坐標軸的慣性矩和慣性積一般是不同的。慣性矩的數值恒為正值，而慣性積則可能為正，可能為負，也可能等於零。慣性矩和慣性積的常用單位是 m^4 或 mm^4。

6.3　慣性矩、慣性積的平行移軸和轉軸公式

一、慣性矩、慣性積的平行移軸公式

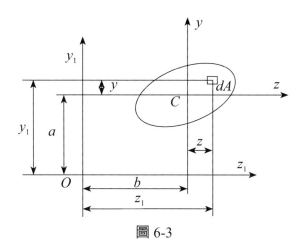

圖 6-3

　　圖 6-3 所示為一任意截面，z、y 為通過截面形心的一對正交軸，z_1、y_1 為與 z、y 平行的坐標軸，截面形心 C 在坐標系 z_1Oy_1 中的座標為（b，a），已知截面對 z、y 軸慣性矩和慣性積為 I_z、I_y、I_{yz}，求截面對 z_1、y_1 軸慣性矩和慣性積 I_{z1}、I_{y1}、I_{y1z1}。同理可得：$I_{z1} = I_z + a^2A$ 得：$I_{y1} = I_y + b^2A$ 稱為**慣性矩的平行移軸公式**。

二、慣性矩、慣性積的轉軸公式

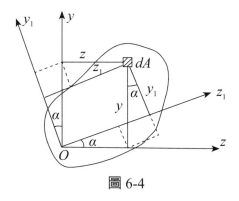

圖 6-4

圖 6-4 所示為一任意截面，z、y 為過任一點 O 的一對正交軸，截面對 z、y 軸慣性矩 I_z、I_y 和慣性積 I_{yz} 已知。z、y 軸繞 O 點旋轉 α 角（以逆時針方向為正）得到另一對正交軸 z_1、y_1 軸，求截面對 z_1、y_1 軸慣性矩和慣性積 I_{z1}，I_{y1}，I_{y1z1}

$$\therefore I_{z1} = \frac{I_z + I_y}{2} + \frac{I_z - I_y}{2}\cos 2\alpha - I_{yz}\sin 2\alpha$$

同理可得

$$\therefore I_{y1} = \frac{I_x + I_y}{2} + \frac{I_x - I_y}{2}\cos 2\alpha - I_{yx}\sin 2\alpha$$

$$\therefore I_{y1z1} = \frac{I_x - I_y}{2}\sin 2\alpha - I_{yx}\cos 2\alpha$$

I_{z1}，I_{y1} 稱為**慣性矩的轉軸公式**，及 I_{y1z1} 稱為**積的轉軸公式**

6.4 形心主軸和形心主慣性矩

一、主慣性軸、主慣性矩

由上面公式可以發現，當 $\alpha = 0^\circ$，$I_{y1z1} = I_{yz}$ 即兩坐 $I_{y1z1} = -I_{yz}$ 標軸互相重合時，當 $\alpha = 90^\circ$ 時，因此必定有這樣的一對坐標軸，使截面對它的慣性積為零。

通常把這樣的一對坐標軸稱為截面的**主慣性軸**，簡稱**主軸**，截面對主軸的慣性矩叫做**主慣性矩**。

假設將 z、y 軸繞 O 點旋轉 α_0 角得到主軸 z_0、y_0，由主軸的定義

$$I_{y0z0} = \frac{I_z - I_y}{2}\sin 2\alpha_0 + I_{yz}\cos 2\alpha_0 = 0$$

$$\therefore \tan 2\alpha_0 = \frac{-2Iyz}{I_z - I_y}$$

上式就是確定主軸的公式，式中負號放在分子上，為的是和下面兩式相符。這樣確定的 α_0

$$\cos 2\alpha_0 = \frac{I_z - I_y}{\sqrt{(I_z - I_y)^2 + 4I_{yz}^2}} \qquad \sin 2\alpha_0 = \frac{-2I_{yz}}{\sqrt{(I_z - I_y)^2 + 4I_{yz}^2}}$$

將此二式代入到上式便可得到截面對主軸 z_0、y_0 的主慣性矩

$$\left.\begin{aligned}
I_{z0} &= \frac{I_z + I_y}{2} + \frac{1}{2}\sqrt{(I_z - I_y)^2 + 4I_{yz}^2} \\
I_{y0} &= \frac{I_z + I_y}{2} - \frac{1}{2}\sqrt{(I_z - I_y)^2 + 4I_{yz}^2}
\end{aligned}\right\}$$

二、形心主軸、形心主慣性矩

通過截面上的任何一點均可找到一對主軸。通過截面形心的主軸叫做**形心主軸**，截面對形心主軸的慣性矩叫做**形心主慣性矩**。

例題 1 ✐────────────────────

求第 92 頁例題 1 中截面的形心主慣性矩。

解：

在第 92 頁例題 1 中已求出形心位置為

$$z_C = 0 \text{，} y_C = 0.323\text{m}$$

過形心的主軸 z_0、y_0 如圖所示，z_0 軸到兩個矩形形心的距離分別為

$$\alpha_{\text{I}} = 0.137\text{m} \text{，} \alpha_{\text{II}} = 0.123\text{m}$$

截面對 z_0 軸的慣性矩為兩個矩形對 z_0 軸的慣性矩之和，即：

$$\begin{aligned}
I_{z0} &= I_z^{\text{I}} + A_{\text{I}}\alpha_{\text{I}}^2 I_z^{\text{II}} + A_{\text{II}}\alpha_{\text{II}}^2 \\
&= \frac{0.6 \times 0.12^3}{12} + 0.6 \times 0.12 \times 0.137^2 + \frac{0.2 \times 0.4^3}{12} + 0.2 \times 0.4 \times 0.123^2 \\
&= 0.37 \times 10^{-2}\text{m}^4
\end{aligned}$$

截面對 y_0 軸慣性矩為

$$I_{y0} = I_{y0}^{\mathrm{I}} + I_{y0}^{\mathrm{II}} = \frac{0.12 \times 0.6^3}{12} + \frac{0.4 \times 0.2^3}{12} = 0.242 \times 10^{-2} \mathrm{m}^4$$

6.5　重點公式提要

圖形剖面		▭	◯	△
尺寸		高（h）＊寬（b）	直徑＝D	高（h）＊寬（b）
斷面積		$A = bh$	$A = \pi D^2/4$	$A = bh/2$
慣性矩		$I_x = bh^3/12$ $I_y = b^3h/12$	$I = \pi D^4/64$	$I = bh^3/36$
極慣性矩		$J = I_x + I_y$		
截面係數		$Z_x = I_x/y = \dfrac{bh^3/12}{(h/2)} = \dfrac{(bh^2)}{6}$ $Z_y = I_y/x = \dfrac{b^3h/12}{(h/2)} = \dfrac{(b^2h)}{6}$	$Z_p = I_x/y$	
迴轉半徑	$r = \sqrt{I/A}$			

一、慣性矩（Moment of Inertia）

面積的二次矩（second moments of the area），又稱轉動慣量。

一面積之慣性矩，等於該面積之各微小面積乘以各微小面積至轉軸距離平方之總和，面積之慣性矩恆為正值，且為長度之四次方。

二、極慣性矩（Polar Moment of Inertia）

對平面成垂直之 x、y 軸之平面慣性矩，稱之為極慣性矩等於該面積對其所在平面內之任兩相互垂直之軸的慣性矩之和（$J = I_x + I_y$）。

三、截面係數（Section Modulus）

面積之慣性矩（I）除以由中立軸至截面最遠邊緣之距離（x），或稱為剖面係數，通常以 Z 表示，截面係數的單位為長度之三次方（$Z = I/x$）。

四、迴轉半徑（Radius of Gyration）

慣性矩為面積與長度平方之乘積，此長度稱為此面積對該軸之迴轉半徑，即：

$$r_x = \sqrt{\frac{I_x}{A}} \ , \ r_y = \sqrt{\frac{I_y}{A}}$$

一面積對任一軸之迴轉半徑恆大於其形心至該軸之距離。

例題 1

試求如圖所示著色部分面積對 x 軸之慣性矩。

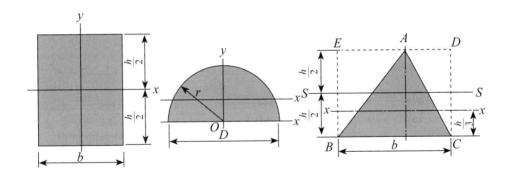

解：

矩形之慣性矩 $I_x = \dfrac{bh^3}{12}$，$I_y = \dfrac{bh^3}{12}$　　$I = I_x + A^2 = \dfrac{bh^3}{12} + bh\left(\dfrac{h}{b}\right)^2 = \dfrac{bh^3}{3}$

三角形之慣 $I_x = \dfrac{bh^3}{36}$，$I_c = I_x + AL^2 = \dfrac{bh^3}{36} + \left(\dfrac{1}{2}bh\right)\left(\dfrac{2}{3}\right)^2 = \dfrac{bh^3}{4}$

圓形之慣性矩 $I_x = I_y = \dfrac{\pi d^4}{64}$

半圓形之慣性矩 $I_x = I_y = \dfrac{\pi d^4}{128}$

例題 2 ✎

試求圖 (a) 之面積對 x 軸之慣性矩。

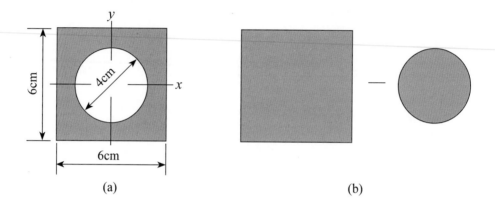

(a)　　　　　　　　　　　　　　(b)

解：

$$I_x = \frac{6*6^3}{12} - \frac{\pi*4^4}{64} = 108 - 12.56 = 95.44 \text{cm}^4$$

例題 3 ✎

試求圖 (a) 之面積對 X_1，X_2 軸之慣性矩。

解：

$$I_{x1} = \frac{12 \times 20^3}{3} - \frac{12 \times 9^3}{12} = 32000 - 729 = 31271 \text{cm}^4$$

對 x_2 軸之慣性矩 I_{x2}

$$I_{x2} = \left[\frac{12 \times 20^3}{12} + 12 \times 20 \times (10 - 9)^2\right] - \left[\frac{12 \times 9^3}{36} + \frac{1}{2} \times 12 \times 18 \times \left(\frac{2}{3} \times 9\right)\right]$$

$$= 8240 - 891 = 7349 \text{cm}^4$$

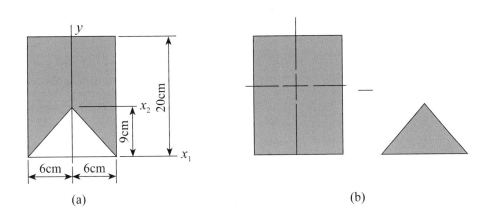

(a)   (b)

- 極慣性矩（polar moment of inertia）

　　某個截面對於一個軸的**極慣性矩**，又稱**截面二次極矩**，是對於該界面對於該軸慣性的一種衡量，其定義爲：

$$I_p = \int_{A1} r_1^2 dA_1$$

其中：r_1 爲微元距軸的距離

$r_1^2 = x_1^2 + y_1^2$ 根據截面二次

軸矩的義可知：$I_p + I_{x1} + I_{y1}$

　　即截面對於任何一點的

極慣性矩，等於該截面對以

該點爲原點的任意一組正交坐標系的截面二次軸矩之和。

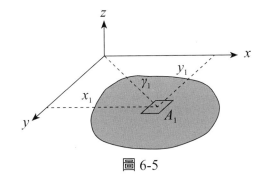

圖 6-5

　　一面積對與其所在平面之垂直軸的極慣性矩等於該面積對其所在平面內之任兩相互垂直之軸的慣性矩之和。

第二篇　材料力學

第一章　材料基本概念──梁的應力與應變

1.0　材料力學之意涵

　　材料力學研究材料在各種力和力矩的作用下所產生的應力和應變，以及剛度和強度的問題。

　　材料力學為可變形體力學，主要視物體為變形體，著重於物體之內效應分析，即探討物體受力後之變形行為和破壞模式。

　　要想使結構物或機械正常地工作，必須保證每一構件在荷載作用下能夠安全、正常地工作。因此，在力學上對構件有一定的要求：

1. 強度，即材料或構件抵抗破壞的能力。
2. 剛度，即抵抗變性的能力。
3. 穩定性，承受荷載時，構件在其原有形態下的平衡應保持為穩定平衡。

1.1　材料力學之基本三大原則

一、力系之平衡

1. 靜力平衡

　　一元件在靜力平衡時：

　　(1) 外力之合力為零

$$\sum_i F_i = 0$$
$$i = x, y, z$$

$$\sum_i M_{oi} = 0$$

$$i = x, y, z$$

(2) 元件上任一點之合力矩為零

2. 外力：外力是作用於元件外的力與力矩

3. 外力，負荷與反力：

作用於元件支撐點（supports）或連結點（connections）的外力特稱為反力。其他的外力稱為負荷（loading）。

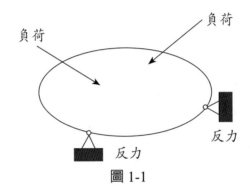

圖 1-1

1.2　變形一致性

材料承受外力負荷，必然產生內力與外力負荷對抗，在材料內分佈之內力稱之為應力，不同型態之外力負荷造成不同型態之應力及應變，而產生變形，分別如壓應變、拉應變、剪應變、彎曲應變等。應先根據過去的經驗確定其可能之變形情況，以及所須承擔的各種負荷之正確值，以確其變形之一致性。

應力和應變之關係：1. 尖銳降伏型式；2. 平緩降伏型式。

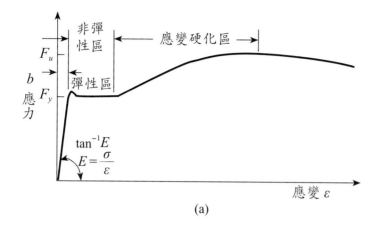

(a)

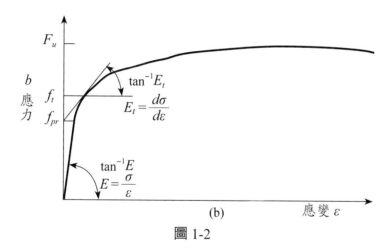

(b)

圖 1-2

1.3 常用構件及內力型式

1. 軸向桿件：主要內力為拉力或壓力等軸向力。

2. 扭力：主要內力為扭矩。

3. 梁：主要內力為彎矩，其次為剪力。

4. 長柱：軸向力（大部分是壓力）。

一般構件在外力之作用下，其材料內部所引發之內力不外下列五種：

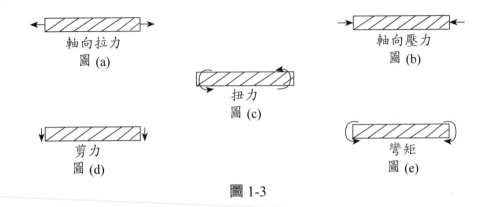

圖 1-3

1. 拉力（tension）如圖 1-3(a) 所示。

2. 壓力（compression）如圖 1-3(b) 所示。

3. 扭力（torsion）如圖 1-3(c) 所示。

4. 剪力（shear）如圖 1-3(d) 所示。

5. 彎矩（bending）：如圖 1-3(e) 所示。

1.4　應力與應變

若一靜態的或相對於時間變化緩慢的負荷，被均勻地施加於一元件的表面或橫截面時，其機械行為可藉由應力、應變測試來了解。最常見的力學應力——應變測試之一是以拉伸方式執行。在沿試片的長軸方向上施加拉伸負荷時，拉伸負荷逐漸增加時試片變形，通常最後會斷裂。

一、應力之定義及其種類

材料受外力作用，內部產生抵抗之內力，而單位面積所受之內力，稱為應力（stress）。一般應力分為正向（交）應力和剪應力兩大類。

若 P 為拉力，其應力稱為拉應力，視為正，如圖 1-4。若 P 為壓力，其應力稱為壓應力，視為負，如圖 1-5。

圖 1-4　　　　　　　　　　　　　　圖 1-5

二、材料所受外力（負荷）之種類

1. 集中負荷。

2. 分布負荷。

3. 靜態負荷：負荷作用於材料上，不隨時間而改變。

4. 動態負荷：負荷作用於材料上，隨時間而改變。

三、正向應力（Normal Stress）

1. 作用力與作用面互相垂直之應力，稱為正向應力（σ）。

2. 公式：

    (1) $\sigma = P/A$，其中 P 為垂直作用面之力，A 為承受作用力之截面積。

    (2) 公式成立之三原則：

    ①作用桿件需為直桿且均質。

    ②作用力需通過作用面之形心。

    ③截面選定應遠離施力點。

3. 單位：

    (1) σ：$N/m^2 = Pa$，$lb/in^2 = psi$，kg/cm^2。

    (2) P：N，lb，kg。

    (3) A：m^2，in^2，cm^2。

四、剪應力（Shear）

1. 作用力與作用面互相垂直之應力，稱為剪應力，如圖 1-6 所示。

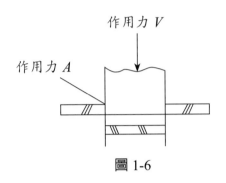

圖 1-6

2. 剪應力之一般型式：

   (1) 單剪型式：$\tau = V/A$，如圖 1-7 所示。

   (2) 雙剪型式：$\tau = V/2A$，如圖 1-8 所示。

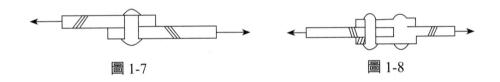

圖 1-7   圖 1-8

五、應變（Strain）

1. 應變之定義

   材料受力作用，單位長度或單位體積產生之變形量，稱為應變。

2. 軸向應變

   材料受軸向力（拉力或壓力）作用產生伸長或縮短，而單位長度產生之變形量（δ），與受力長度（L）之比稱為軸向應變（$\varepsilon = \delta/L$），或稱正交應變（normal strain）。

3. 橫向應變

   材料受軸向力作用產生伸長或縮短時，造成與材料受力之垂直方向（Dl）產生收縮或膨脹之應變（$D\delta$），稱為橫向應變（$D\varepsilon = D\delta/Dl$，或稱

側向應變）。

4. 波桑比 = v（poisson, s ratio）

(a) 材料受軸向力產生伸長，而同時材料橫切方向產生收縮，而收縮應變與伸長應變之絕對比值稱爲波桑比（v），亦是橫向應變與軸向應變之絕對比值（$v = D\varepsilon/\varepsilon$）。

(b) 一般材料之桑比不得超過0.5，而金屬材料之波桑比爲0.25～0.35。

六、應力與應變之關係

1. 應力與應變圖係以應力（σ）爲縱座標，應變（ε）爲橫座標，軟鋼支應力應變圖如下：

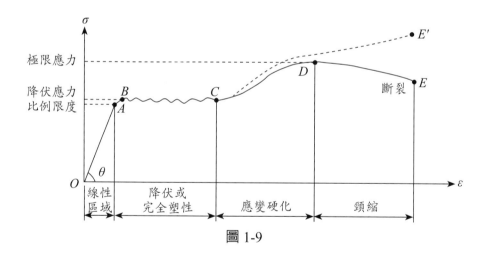

圖 1-9

2. 圖 1-9 中，各區域及各點之意義如下：

(1) OA 區域：爲線性區域（linear region），在此區域內應力與應變成正比。

(2) A 點：爲應力與應變成正比之最大界限，稱爲比例限度（proportional limit）。另外，材料受外力作用，而將外力移

去後，材料會恢復原狀的最大界限，稱為彈性限度（elastic limit）。一般而言，彈性限度會稍大於比例限度，但在比例限度與彈性限度之間，並非成線性關係。

(3) B 點：為降伏點（yielding point），材料在此處開始產生降伏現象。

(4) BC 區域：此區域稱為完全塑性（perfect plasticity）或降伏（yielding）。材料在通過 A 點後，受外力變形會無法完全恢復原狀，而產生永久變形，此性質稱為塑性。在此區域內，應力並沒有顯著增加，但應變卻增加迅速，此現象即為降伏。

(5) CD 區域：此區域為應變硬化（strain hardening）區。所謂應變硬化是指材料在此區間，負荷增大後會繼續變形，但其應力與應變間已無線性關係。另從材料的觀點來說，此區代表了材料因變形改變其內部原子及晶體結構，產生了對進一步變形的阻力，這種因變形而增強強度的作用，稱為應變硬化。

(6) D 點：為材料之極限應力（ultimate stress），即材料能承受之最大應力值。

(7) DE 區域：材料在此區域會產生頸縮（necking）現象。所謂頸縮現象是指材料在通過極限應力後，在材料即將破壞時，其截面直徑會有迅速縮小的現象。其材料試驗結果，如圖1-10所示。

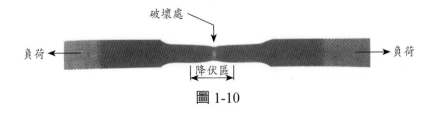

破壞處

負荷 ← → 負荷

降伏區

圖 1-10

(8) E 點：材料之破壞斷裂處，其應力值會小於極限應力。

(9) 在上述應力應變圖中，實線部分的應力係以材料未變形前之截面積（爲一定值）來計算的結果，而虛線部分的應力則是以實際變形後的截面積（逐漸變小）計算的結果。

英國人虎克（Robert Hooke）於 1678 年發表了虎克定律（Hooke's Law），推算出多種材料的應力與應變之比值，此比值稱爲彈性係數（modulus of elasticity）或楊氏係數（Young's modulus）。彈性係數的值只與材料之種類有關，彈性係數愈大者，材料愈不容易變形；反之，彈性係數愈小者，材料則愈容易變形。

3. 重要名詞之定義及其特性：

(1) 比例限度（proportional limit）：圖 1-11 中之 P 點，爲應力與應變保持線性關係之最大應力。

(2) 彈性限度（elastic limit）：彈性材料受力後，能恢復原材料形狀之最大應力。當超出此應力，外力除去後，無法恢復原材料形狀，稱爲永久變形（permanent set）。

一般金屬材料之比例限度與彈性限度相同，而橡皮類材料之彈性限度大於比例限度很多。

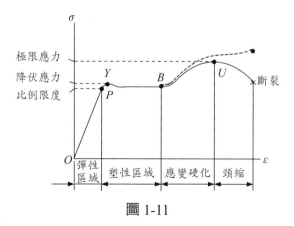

圖 1-11

(3) 降伏點（yielding point）：圖 1-11 中之 Y 點，當應力增加至此點，應力不再增加（或略為減少），但應變量卻增加很多，此點之應力稱為降伏應力或屈伏應力，一般以 y 表示，延性材料設計以此應力除以安全係數作為容許應力。

(4) 極限應力（ultimate stress）：圖 1-11 中之 U 點，材料所能承受之最大應力，此點**之應力稱為極限力，一般以 u 表示，脆性材料設計以此應力除以安全係數作為容許應力。**

(5) 彈性區域（elastic range）：圖 1-11 中 O 點至 P 點，應力與應變成正比之區域。

(6) 塑性區域（plastic range）：圖 1-11 中 Y 至 B 點，應力與應變不成正比之區域。

(7) 應變硬化：圖 1-11 中 B 至 U 點區域，應變硬化使材料承受應力之能力增加。

(8) 頸縮：材料超過極限應力後，應力減少，應變急速增加，產生頸縮現象而斷裂。

4. 展延性材料與脆性材料之應力應變圖比較：

(1) 延性材料之特性：

① 材料斷裂前，先產生頸縮現象。

② 部分延性材料降伏點不明顯，常採用 0.2% 永久應變橫距法求得。

③ 鋁之應力與應變圖（如圖 1-12）。

(2) 脆性材料之特性：

① 材料在極限應力產生斷裂無頸縮現象。

② 鑄鐵之應力與應變圖，如圖 1-13 所示。

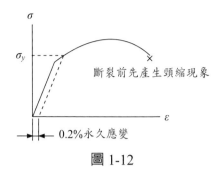

圖 1-12

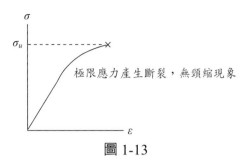

圖 1-13

5. 虎克定律（Hooke's law）：

(1) 在比例限度內，應力與應變保持正比例關係，稱為虎克定律。

(2) 虎克定律的運算式為 $F = kx$ 或 $\Delta F = k*\Delta x$，其中 k 是常數，x 是形變量。

(3) 在應力低於比例極限的情況下，固體中的應力 σ 與應變 ε 成正比，即 $\sigma = E*\varepsilon$，$\varepsilon = \delta/L$ 式中 E 為常數，稱為彈性模量或楊氏係數。

(4) 剪應力與剪應變之關係，其中 G 為剛性模數或剪力彈性模數

(5) 剛性模數 G 在剪應力應變圖中表示其斜率，在比例限度內為一常數。

(6) 楊氏係數 E、剪力彈性模數 G、波桑比三者之間的關係式：

$$G = E/2(1 + v)$$

6. 楊氏係數：

Aluminum（鋁）（Al）	7.0×10^{10} N/m^2	Brass（黃銅）	9.1×10^{10} N/m^2
Cupper（銅）（Cu）	1.2×10^{11} N/m^2	Glass（玻璃）	5.5×10^{12} N/m^2
Iron（生鐵）（Fe）	1.9×10^{11} N/m^2	Lead（鉛）	6×10^{12} N/m^2
Nickle（鎳）	2.1×10^{11} N/m^2	Steel（鋼）	2.0×10^{11} N/m^2
Tungsten（鎢）（W）	3.6×10^{11} N/m^2		

7. 單位換算表：

G = giga　　Pa = Pascal (a measurement of pressure or force)

1 GPa = 1,000 MPa = 1,000,000 KPa = 1,000,000,000 Pa = 10,000 Bars

= 145,037.74 psi = 9,869.2327 ATM

IMPa = 1,000,000 Pa = 1,000,000 N/m^2 = 7,500,616.8 mmHg

8. 名詞中英對照：

(1) 應力（stress）

(2) 應變（strain）

(3) 彈性（elasticity）

(4) 塑性（plasticity）

(5) 彈性模數（modulus of elesticity）

(6) 降伏應力（yield stress）

(7) 極限應力（ultimate stress）

(8) 應變硬化（strain hardening）

(9) 彈塑材料（elastoplastic material）

(10) 延性材料（ductile materials）

(11) 脆性材料（brittle materials）

(12) 均質（homogenous generous）

(13) 等向性（isotropic）

(14) 波桑比（poisson's ratio）

(15) 波桑效應（poisson effect）

(16) 潛變（creep）

(17) 疊加原理（principle of superposition）

(18) 虎克定律（Hooker's law）

(19) 疲勞（fatigue）

(20) 殘留應力（residual stress）

1.5 梁的內應力

一、梁之種類

1. 靜定梁：簡支梁、懸臂梁和外伸梁，支承之未知反力，可直接由靜力學平衡方程式求得，稱為靜定梁。

2. 靜不定梁：連續梁及固定梁，支承之未知反力，無法直接以靜力學之平衡方程式 $\Sigma F_x = 0$，$\Sigma F_y = 0$，$\Sigma M = 0$ 三個方程式求得，故稱為靜不定梁。

3. 如果梁的支座反力和內力僅靠靜力平衡條件不能全部確定，這種梁稱爲超靜定梁（圖 1-14(a)）梁的支座反力和內力僅靠靜力平衡條件不能全部確定，這種梁稱爲超靜定梁。例如在簡支梁的中間增加一個支座（圖 1-14(b)），此時梁的支座反力有四個，而對該梁只能列出三個獨立的靜力平衡方程，所以只用靜力平衡條件不能求出全部的支座反力，即該梁是超靜定梁。

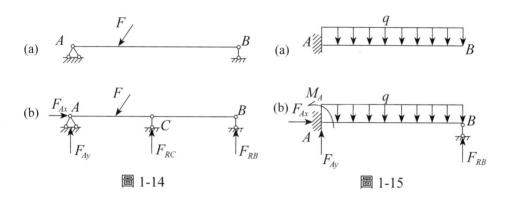

圖 1-14　　　　　　　　　圖 1-15

4. 梁受載負荷破壞的危險斷面在最大彎矩處，懸臂梁在固定端。

5. 簡支梁的危險斷面在剪力圖之剪力由正變負，或由負變正之斷面上（此時力矩爲最大值）。

6. 四種基本梁的最大彎曲力矩（Mmax）：

　(1) 懸臂梁，自由端承受一集中負荷 P 時：Mmax 在固定端。

　(2) 懸臂梁，承受均勻分布負荷 W 時：Mmax 在固定端。

　(3) 簡支梁，中點承受一集中負荷 P 時：Mmax 在中點。

　(4) 簡支梁，承受均勻分布負荷 W 時：Mmax 在中點。

一物體受 $X, Y, Z,$ 三方向之力量（S_X, S_Y, S_Z）作用則：

力系平衡三原則：$\Sigma F_X = 0$，$\Sigma F_Y = 0$，$\Sigma F_M = 0$

X軸方向之應變：$\varepsilon_y = \dfrac{S_y}{E} - \dfrac{v}{E}(\sigma_z + \sigma_x)$

Y軸方向之應變：$\varepsilon_x = \dfrac{S_x}{E} - \dfrac{v}{E}(\sigma_y + \sigma_z)$

Z軸方向之應變：$\varepsilon_z = \dfrac{S_z}{E} - \dfrac{v}{E}(\sigma_y + \sigma_x)$

二、梁的支座及支座反力

1. 可動鉸支座

這種支座如圖 1-16(a) 所示，它只限制梁在支承處沿垂直於支承面方向的位移，但不能限制梁在支承處沿平行於支承面的方向移動和轉動。故其只有一個垂直於支承面方向的支座反力 F_{Ry}。

2. 固定鉸支座

這種支座如圖 1-16(b) 所示，它限制梁在支座處沿任何方向的移動，但不限制梁在支座處的轉動。故其反力一定通過鉸中心，但大小和方向均未知，一般將其分解為兩個相互垂直的分量：水準分量 F_{Rx} 和堅向分量 F_{Ry}，即可認為該支座有兩個支座反力。

3. 固定端支座

這種支座如圖 1-16(c) 所示，它既限制梁在支座處的線位移，也限制其角位移。支座反力的大小、方向都是未知的，通常將該支座反力簡化為三個分量 F_{Rx}、F_{Ry} 和 M，即可認為該支座有三個支座反力。

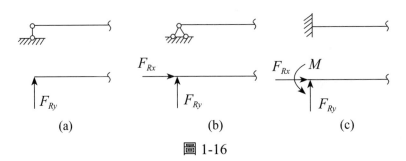

圖 1-16

三、靜定梁的基本形式

常見的簡單靜定梁有下列三種：

圖 1-17

(1) **簡支梁**：一端是固定鉸支座，另一端是可動鉸支座（圖 1-17(a)）。

(2) **懸臂梁**：一端是固定端支座，另一端是自由端（圖 1-17(b)）。

(3) **外伸梁**：相當於簡支梁的一端或兩端伸出支座以外（圖 1-17(c)）。

四、梁的荷載

(1) 集中力。(2) 集中力偶。(3) 分布力。

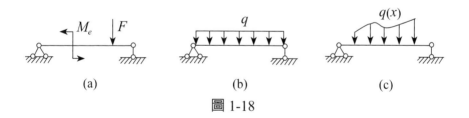

圖 1-18

五、梁的內應力及其求法

1. 剪力、彎矩

梁在外力作用下，其橫截面上的內力可以通過截面法求出來。

如圖 1-19(a) 所示的簡支梁，上述梁在截面 m-m 上內力，剪力 F_S 和彎矩 M，具體數值可由脫離體的平衡條件求得。

根據左段梁的平衡條件，由平衡方程：

$$\Sigma F_y = 0，\Sigma F_{RA} - F_S = 0$$

$$\Sigma M_o = 0，-F_{RA}x + M = 0$$

（矩心 O 為截面 m-m 的形心）

可得：$F_S = F_{RA}，M = F_{RA}x$

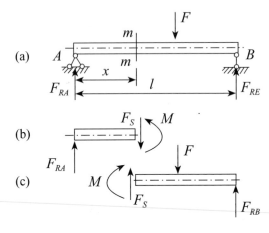

(a)

(b)

(c)

圖 1-19

我們也可以右段梁為脫離體，利用其平衡求出梁在 m-m 截面上的內力，其結果與上面取左段梁為脫離體時求得的 F_S、M 大小相等但方向相反（圖 1-19(c)）。

2. 剪力、彎矩符號的規定

(1)剪力符號規定，截面上的剪力如果有使考慮的脫離體，有順時針轉動的趨勢則為正，反之為負（如圖 1-20 所示）。

(2)彎矩符號規定，截面上的彎矩如果使考慮的脫離體向下凸（或者說使梁下邊受拉，上邊受壓）為正，反之如果使考慮的脫離體向上凸（或者說使梁上邊受拉，下邊受壓）為負，如圖 1-20 所示。

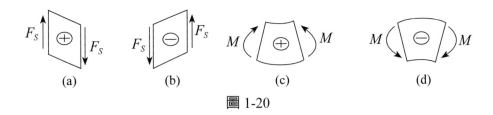

(a)　　　　　(b)　　　　　(c)　　　　　(d)

圖 1-20

例題 1 ✎

試求圖 (a) 所示梁 D 截面上的剪力和彎矩。

解：

首先求出支反力 F_{RC} 和 F_{RB}（圖 (b)）。由平衡方程：

$$\Sigma M_C = 0，F_{RB}l + F\frac{l}{2} = 0$$

$$\Sigma M_B = 0，-F_{RC}l + F\frac{3l}{2} = 0$$

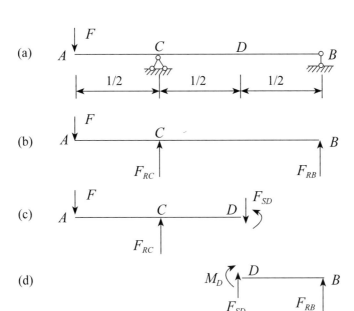

$$F_{RB} = -\frac{F}{2} \quad F_{RC} = \frac{3F}{2}$$

在計算 D 截面上的剪力 F_{SD} 和彎矩 M_D 時，將梁沿橫截面 D 截開，取左段脫離體爲研究物件，在脫離體上標明未知內力 F_{SD} 和 M_D 的方向（按符號規定的正號方向標明）。考慮脫離體的平衡：

$$\Sigma F_y = 0，F_{RC} - F - F_{SD} = 0，F_{SD} = F_{RC} - F = \frac{F}{2}$$

$$\Sigma M_o = 0，-F_{RC}\frac{l}{2} + Fl + M_D = 0，M_D = -Fl + F_{RC}\frac{l}{2} = -\frac{Fl}{4}$$

求得 F_{SD} 爲正值，說明 D 截面上剪力的實際方向與假定的方向相同；求得 M_D 爲負值，說明 D 截面上彎矩的實際方向與假定的方向相反。當然，我們也可以取 D 截面右段脫離體爲研究物件（圖 (d)），利用脫離體的平衡求得剪力 F_{SD} 和彎矩 M_D。

六、說明

1. 梁在任意截面上的剪力，在數值上等於該截面任意一側（左側或右側）脫離體上所有的外力（包括支座反力）沿該截面切向投影的代數和，在左側脫離體上向上的外力或右側脫離體上向下的外力投影爲正，反之爲負。

2. 梁在任意截面上的彎矩，在數值上等於該截面任意一側（左側或右側）脫離體上所有的外力（包括支座反力）對該截面形心取矩的代數和。

七、內應力圖──剪力圖和彎矩圖

爲了形象地表明內力沿梁軸線的變化情況，通常用圖形將剪力和彎矩沿梁長的變化情況表示出來，這樣的圖形分別稱爲**剪力圖**和**彎矩圖**。

假設梁截面位置用沿梁軸線的座標 x 表示，則梁的各個橫截面上的剪力和彎矩都可以表示爲座標 x 的函數，即：

$$F_S = F_S(x) \quad M = M(x)$$

通常把它們叫做梁的**內力方程、剪力方程和彎矩方程**。

下面透過例題說明內力圖的作法。

例題 1 ✒

下圖所示的懸臂梁，自由端作用集中力 F，計算梁的剪力圖和彎矩圖。

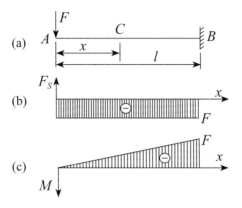

解：

首先利用截面法求得距左端為 x 的橫截面上剪力和彎矩分別為：

$$F_S(x) = -F，M(x) = -Fx$$

上兩式即為此梁的剪力方程和彎矩方程，通過此兩式便可計算出此梁任意橫截面上的剪力和彎矩。

剪力圖應是一條平行於梁軸線的直線段，如圖 (b) 所示。彎矩方程是關於座標 x 的一次函數，所以彎矩圖應是一條斜直線段。這樣只要確定出直線上的兩個點就可以畫出此彎矩圖如圖 (c) 所示。

例題 2 ✒

圖 (a) 所示的簡支梁，在全梁上受集度為 q 的均布荷載作用，試作梁的剪力圖和彎矩圖。

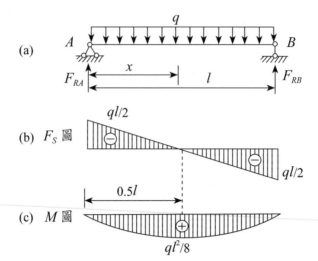

解：

利用平衡方程式：

$$F_{RA} = F_{RB} = \frac{1}{2}ql$$

取距左端為 x 的任意橫截面（圖 (a)），考慮截面左側的梁段，則梁的剪力和彎矩方程分別為：

$$F_S(x) = F_A - qx = \frac{ql}{2} - qx \qquad (0 < x < l)$$

$$M(x) = F_A x - \frac{1}{2}qx^2 = \frac{ql}{2}x - \frac{1}{2}qx^2 \qquad (0 \leq x \leq l)$$

由圖可見，梁在梁跨中橫截面上的彎矩值最大，剪力方程是 x 的一次函數，所以剪力圖是一條傾斜直線段。彎矩方程是 x 的二次函數，所以彎矩圖是一條二次拋物線。按照上例的繪圖過程，即可繪出剪力圖和彎矩圖（圖 (b)、(c)）。

$$M_{max} = \frac{ql^2}{8} \qquad F_{S,max} = \frac{ql}{2} \qquad F_S = 0$$

八、荷載、剪力和彎矩

1. 荷載、剪力和彎矩間的關係

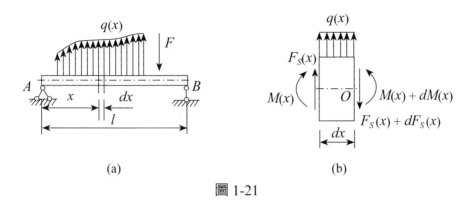

(a)　　　　　　　　　(b)

圖 1-21

$$\frac{dF_s(x)}{dx} = q(x) \qquad \frac{dM(x)}{dx} = F_S(x) \qquad \frac{d_2 M(x)}{dx_2} = q(x)$$

2. 剪力圖、彎矩圖的規律

(1) 沒有外力作用的區段

當梁的某段上沒有荷載作用時，剪力圖是平行於梁軸線的直線段；彎矩圖是一條直線段。

(2) $q(x)$ 為非零常數的區段

當梁在某段上作用有均布荷載時，剪力圖是一條斜直線段，彎矩圖是二次曲線，並且其凹凸方向與外力一致。

(3) 集中力作用處

在集中力作用處剪力圖發生突變，突變值等於該集中力值，並且當從左向右作剪力圖時突變方向與該集中力方向一致。

(4) 集中力偶作用處

在集中力偶作用處剪力圖沒有發生變化；而彎矩圖發生突變，突變值等於該集中力偶值。

例題 1

圖(a)所示的外伸梁，尺寸及荷載如圖所示，試作梁的剪力圖彎矩圖。

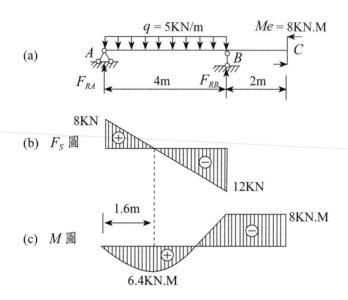

(a)

(b)　F_S 圖

(c)　M 圖

解：

首先由梁的平衡求出支座反力：

$F_{RA} = 8\text{kN}$，$F_{RB} = 12\text{kN}$。

由於梁上的外力將梁分為兩段，所以需分段繪製剪力圖和彎矩圖。

(1) 作剪力圖

AB 段：$F_{SA右} = F_{RA} = 8\text{kN}$；$F_{SB左} = -12\text{kN}$

BC 段：$F_{SB右} = F_{SC左} = 0$

此外，還應求出 $F_S = 0$ 的截面位置，以確定彎矩的極值。設該截面距梁左端點為 x，於是在 x 處截面上剪力為零，即：

$$F_{Sx} = F_{RA} - qx = 0$$

$$x = \frac{F_{RA}}{q} = \frac{8 \times 10^3}{5 \times 10^3} = 1.6\text{m}$$

由以上各段的剪力值並結合微分關係，便可繪出剪力圖如圖 (b) 所示。

(2) 作彎矩圖

AB 段作用有向下的均布荷載，即 $q(x)=$ 常數 <0，所以 AB 段的彎矩圖為下凸二次拋物線；BC 段沒有荷載作用，即 $q(x)=0$，所以 BC 段的彎矩圖為直線。

在 B 支座處，由於有集中力 F_{RB} 的的作用，彎矩圖有轉折，轉折方向與集中力方向一致。兩段分界處的彎矩值為：

$$M_B = -8\text{kN.m}$$

AB 段內在剪力為零的截面上彎矩有極值，為：

$$M_{\text{設值}} = F_{RA} \times 1.6 - \frac{1}{2}q \times 1.6^2 = 6.4\text{kN.m}$$

由分段處的彎矩值和剪力為零處的 $M_{\text{極值}}$，並根據微分關係，便可繪出該梁的彎矩圖如圖 (c) 所示。

九、梁的撓度曲線方程式

1. 梁受外加負荷後的彎曲圖

(1) 梁在負載作用下，通過梁各截面形心的縱向軸之撓度所連成的曲線，稱為彈性曲線（elastic curve）（或稱：撓度曲線）。

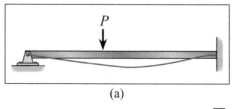
(a)

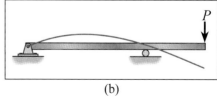
(b)

圖 1-22

(2) 當一梁承載負荷時，經常需要限制其撓曲量，決定梁上某些特定
點的撓度與斜率之各種方法有：

①解析的方法：包括積分法、不連續函數的使用及重疊法。

②半圖解法：例，稱為力矩面積法。

(3) 梁 AD 受外加負荷 P_1、P_2 後之彎矩圖及彈性曲線

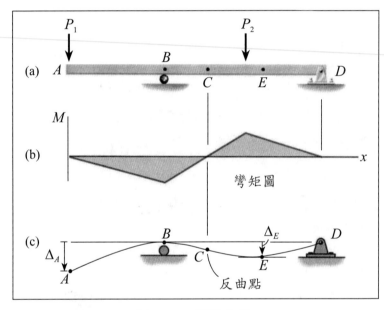

圖 1-23　彈性曲線

2. 彎矩負載之符號規定

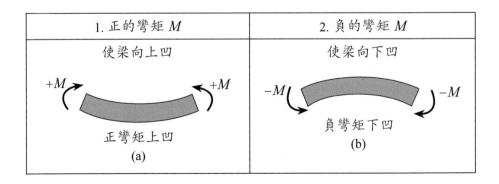

3. 梁承受負載後產生彎矩 M 與曲率半徑 ρ 的關係式

$$\frac{1}{\rho} = \frac{M}{E\,I} \qquad \frac{1}{\rho_{曲率半徑}} = \frac{M_{彎矩}}{E_{彈性係數}\,I_{面積慣性矩}}$$

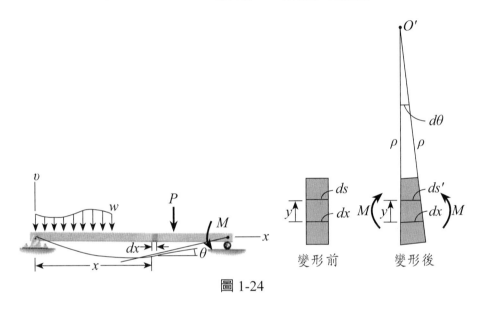

圖 1-24

其中，(1) ρ：彈性曲線上一特定點的曲率半徑

(2) M：梁中被求 ρ 的那一點之彎矩

(3) E：梁材料的彈性模數（楊氏模數）

備註：W360×79 製成的 A-36 鋼梁之「E = 200GPa」。

(4) I：梁截面對中性軸的慣性矩

(5) EI：撓性剛度（flexural rigidity）

4. 以梁中產生之彎曲應力 σ 來表示曲率

$$\frac{1}{\rho_{曲率半徑}} = -\frac{\sigma_{彎曲應力}}{E_{彈性係數}\,y_{中性軸到弧ds位移}}$$

5. 梁承受負載後產生之撓度曲線（彈性曲線）微分方程式公式

(1) $\dfrac{d^2v}{dx^2} = \dfrac{M}{EI}$ ——其中，v：量度積分元素所在之截面形心的位移（撓

度）即：撓度曲線（彈性曲線）之撓度↓變化（移項）成爲：

$$EI\frac{d^2v}{dx^2} = M(x)$$ ——其中，$M(x)$：欲求撓度度截面之彎矩

(2) $EI\frac{d^3v}{dx^3} = V(x)$ ——其中，$V(x)$：欲求撓度度截面之橫向剪力

(3) $EI\frac{d^4v}{dx^4} = -w(x)$ ——其中，$w(x)$：單位長度的負載（均勻負載）

6. 符號 ρ、$\theta_{斜率角度}$、$w(x)$、$M(x)$、$V(x)$、$v(x)$ 之正或負之規定

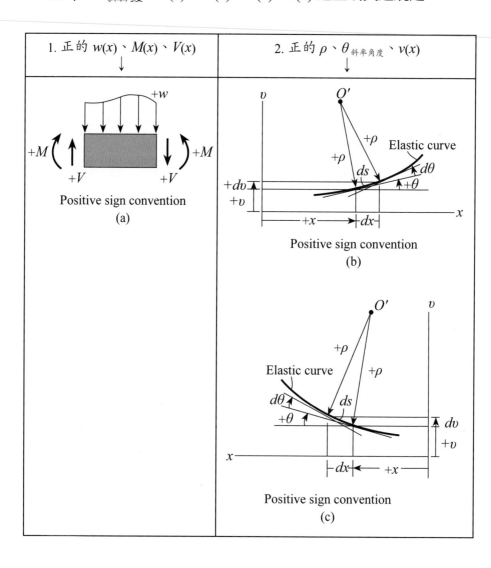

1. 正的 $w(x)$、$M(x)$、$V(x)$ ↓	2. 正的 ρ、$\theta_{斜率角度}$、$v(x)$ ↓
Positive sign convention (a)	Positive sign convention (b)
	Positive sign convention (c)

7. 疊加原理作剪力圖和彎矩圖

應用疊加原理的一般條件是：當效果和各影響因素之間成線性齊次關係時，諸多因素引起的總效果，等於各個因素單獨引起的效果的總和。

例題 1 ✐ ────────────────────

試用疊加法畫出圖 (a) 所示梁的剪力圖和彎矩圖。

解：

由疊加原理可知，梁在 M_e 和 F 共同作用下的反力和內力，等於梁在 M_e 和 F 單獨作用時的反力和內力的代數和，即圖 (b) 和圖 (c) 兩種情況的疊加與圖 (a) 的情況等效。

梁在 M_e 和 F 單獨作用下的剪力圖和彎矩圖如圖 (e)、(f)、(h)、(i) 所示，(e) 與 (f) 疊加就得 (d) 所示剪力圖，(h) 與 (i) 疊加就得 (g) 所示彎矩圖。應當注意，內力圖的疊加不是內力圖簡單的合併，而是指內力圖的縱坐標代數相加。

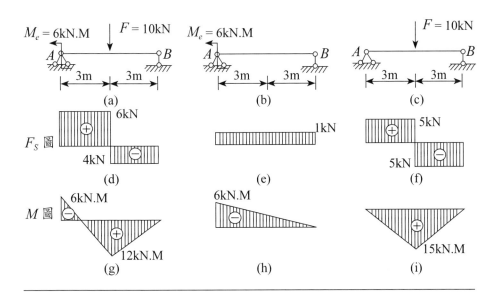

8. 梁之彎曲應力

(1) 彎曲力矩符號：彎曲力矩使梁向上之彎曲趨勢者為正，反之使梁有向下之彎曲趨勢者為負。

(2) 剪力圖及彎矩圖之繪製技巧

負荷狀態 圖形	無負荷	集中負荷	均佈負荷	均變負荷	力偶
剪力圖	水平直線	鉛直線	傾斜直線	二次拋物線	水平直線
彎矩圖	傾斜直線	轉折點	二次拋物線	三次曲這個	鉛直線

(3) 梁受載負荷破壞的危險斷面在最大彎矩處，懸臂梁在固定端，所以懸臂梁之危險斷面在固定端。

(4) 簡支梁的危險斷面在剪力圖之剪力由正變負，或由負變正之斷面上（此時剪力為最大值）。

(5) 剪力圖與彎矩圖繪圖技巧；

　　① 剪力圖畫法：荷重圖的面積：兩點間剪力差。

　　② 彎矩圖畫法：剪力圖的面積＝兩點間彎矩差。

　　③ 剪力圖：由左邊畫，往力的箭頭方向。

　　④ 剪力圖：由右邊畫，往力的箭頭反方向。

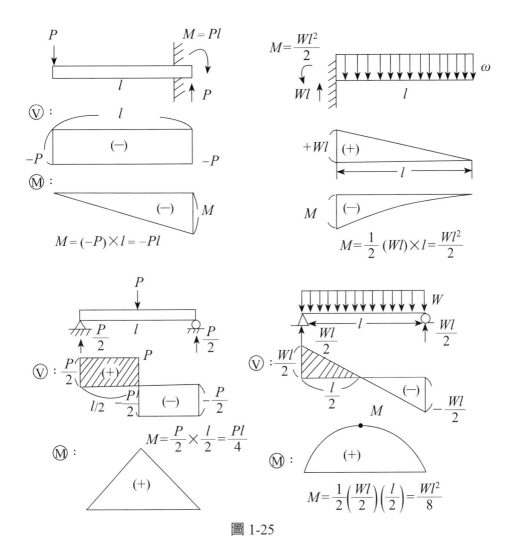

圖 1-25

例題 1

有一均質金屬桿件，$E = 10x10^6$，斷面積 $A = 20 \text{ in}^2$，兩端固定，溫度升高 35°F，溫度膨脹係數 $\alpha = 13x10^{-6}/F$，計算桿件兩固定端軸向力（自重不計入）。

解：

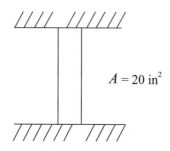

$A = 20 \text{ in}^2$

∵ $\sigma = E\varepsilon$，$\varepsilon = \delta/L$ ∴ $\sigma = E*\delta/L$

∵伸長量 $\delta = \alpha*L*\Delta T$，∴ $\sigma = E*(\alpha*L*\Delta T/L)$

∴ $\sigma = E*\alpha*\Delta T = (13*10^{-6})*(10*10^6)*35$

   $\sigma = 4550\text{psi}$

例題 2 ✎

說明薄壁圓柱體和球體之應力及應變。

解：

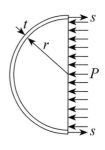

(1)內壓力 P 作用下圓柱體壁支應力（s）：

$2\pi r*t*s = \pi r^2*P$ $\qquad\qquad$ ∴ $s = \dfrac{r*P}{2*t}$

(2)內壓力 P 作用下圓周增量（Δ）：

$\qquad$ ∵ $s = E*\varepsilon$，∴ $\dfrac{(P*r)}{t} = E*\varepsilon$，$\varepsilon = \dfrac{(P*r)}{t*E}$

$2(s*t) = 2(P*r)$，∴ $(s*t) = (P*r)$，$s = \dfrac{(P*r)}{t}$

$\Delta = (2\pi r)*\varepsilon = 2\pi r*\dfrac{P*r}{t*E} = \dfrac{2\pi(P*r^2)}{t*E}$

(3)薄壁圓管之扭剪力（近似值）（$r = $壁中心線至圓心之矩離）扭剪力

$\tau = \dfrac{T}{2\pi r^2 t}$

例題 3 ✎

試導出拉桿伸長量之公式（拉桿之截面積＝A，E＝楊氏係數）

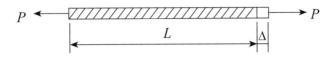

解：

$s = E * \varepsilon$，E ＝ 常數 ＝ s/ε

$$E = \frac{P/A}{\Delta/L} = \frac{P*L}{\Delta*A}，\therefore \Delta = \frac{P*L}{A*E}$$

（Δ 之長度單位與 L 相同）

例題 4 ✎

下圖為一階梯形桿件，其彈性係數＝E，截面積分別為 $A1$，$A2$，$A3$，請列出 ab 段，bc 段，cd 段支應立及伸長量。

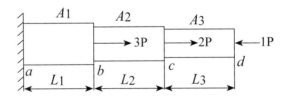

解：

$$S_{ab} = \frac{(3P+2P-1P)}{A1}，S_{bc} = \frac{(2P-1P)}{A2}，S_{cd} = \frac{-1P}{A3}$$

$$\Delta_{ab} = \frac{(3P+2P-1P)*L1}{A1*E}，\Delta_{bc} = \frac{(2P-1P)*L2}{A2*E}，\Delta_{cd} = \frac{(-1P)*L3}{A3*E}$$

例題 5 ✒

如圖所示，一直徑 6cm 之圓軸，其一端裝置有一直徑為 60cm 重 392kg 帶輪，此帶輪上皮帶之拉力分別為 800kg 及 120kg，計算斷面 mn 處之主拉應力。

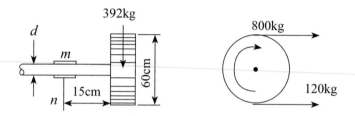

解：

$T = (800 - 120)*30 = 20400\text{kg-cm}$

$M = 15*\sqrt{392^2 + (800 + 120)^2} = 15,000\text{kg-cm}$

$M_c = \dfrac{1}{2}(M + \sqrt{M^2 + T^2}) = \sigma_{max} * \dfrac{\pi d^3}{32}$

$\sigma_{max} = \dfrac{16}{\pi 6^3}(15000 + \sqrt{15000^2 + 20400^2}) = 950.7\text{kg/cm}^2$

例題 6 ✒

圓形橫斷面之懸臂梁同時受到扭矩 T 及彎矩 M 之作用，如圖所示，計算 B 點之最大主應力。

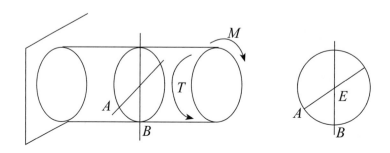

解：

(1)彎矩 M 產生 $\sigma = M/Z$ 但對 B 點而言為產生壓應力即 $-\sigma = M/Z$

(2)扭矩 T 產生 $\tau_{\max} = \dfrac{16T}{\pi d^3}$

(3)因此 B 點同時存在 T 及 M 所受之應力（且 M 為（－））

$$\therefore \sigma_{\max} = \frac{16T}{\pi d^3} * \{-M + \sqrt{M^2 + T^2}\}$$

例題 7 ✐

如圖所示，截面為 10mm×30mm 之懸臂梁，試求其最大壓應力為若干？

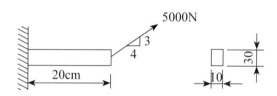

解：

$$\sigma_{\max} = \frac{P}{A} + \frac{M}{Z} = \left(\frac{4000}{10*30}\right) + \left(\frac{3000*200}{\dfrac{10*30^2}{6}}\right) = 413.3 (\text{N/mm}^2)$$

---

9. 薄壁容器的應力計算

在工程實際中，常常使用承受內壓的薄壁容器，如氣瓶、鍋爐等容器，當壁厚 t 小於或等於容器內徑 D 之比約在二十分之一時，可以認為軸向與徑向應力均沿壁厚均勻分布。即可按本節所述近似方法討算。

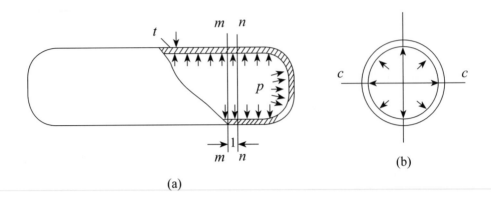

(a)

(b)

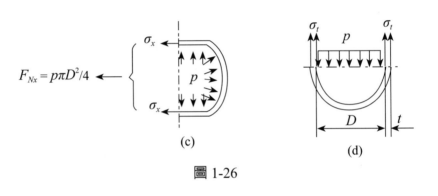

(c)

(d)

圖 1-26

　　可以看出：作用在兩端筒底的壓力，在圓筒橫截面上引起軸向正應力 σ_x（圖 1-26(c)）；而作用在筒壁的壓力、則在圓筒徑向縱截面上引起周向正應力 σ_t。

　　(1) 求橫截面上的應力──軸向正應力 σ_x

　　假想用平面 *n-n* 將容器沿橫向截開，取右部為脫離體，如圖 1-26(c) 所示，由平衡條件 $\Sigma F_x = 0$，得：

$$F_{Nx} - p\frac{\pi}{4}D^2 = 0$$

由此得：

$$F_{Nx} = \frac{\pi p D^2}{4}$$

應力為：

$$\sigma_x = \frac{F_{Nx}}{\pi dt} = \frac{pD}{4t}$$

(2)求縱截面上的應力──周向正應力 σ_t

假想用兩個平行平面沿 *m-m* 和 *n-n* 橫向截取長為一單位的一段來考慮，如圖 1-26(a)、(b) 所示，再用一直徑平面 *c-c* 一截為二，取上半部為脫離體（圖 1-26(d)）。即：

$$2\sigma_t t - pD = 0$$

由此得

$$\sigma_t = \frac{pD}{2t}$$

此式表明，薄壁容器的圓筒部分，其縱截面上的應力較橫截面上的應力大一倍。所以，圓筒發生強度破壞時，將沿縱向發生裂縫。

10. 負荷種類之剪力圖及彎矩圖

負荷種類	力偶		集中負荷	均布負荷	均變負荷
	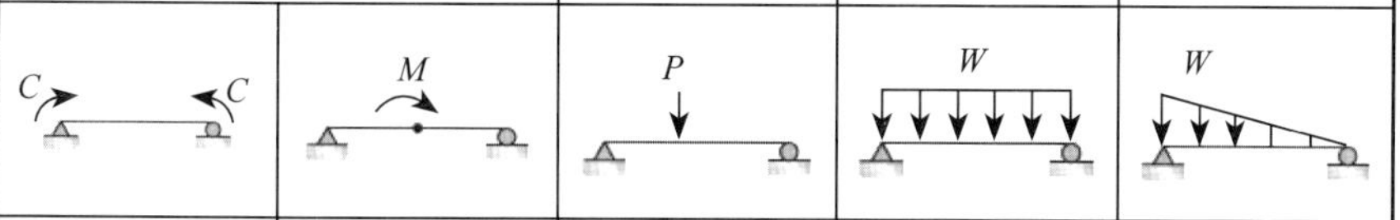				
剪力圖	零	水平直線	水平直線	傾斜直線	拋物線
	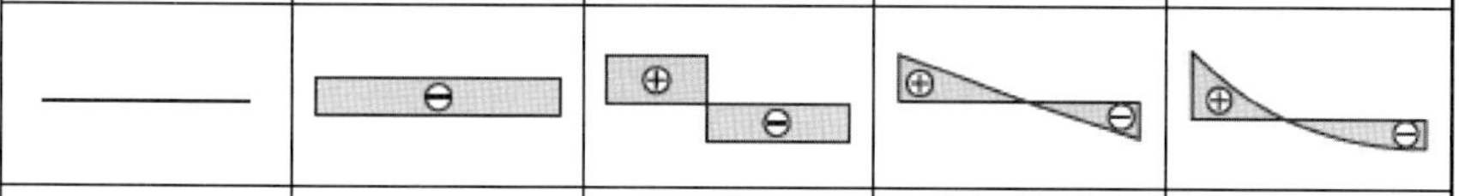				
彎矩圖	水平直線	傾斜直線	傾斜直線	拋物線	三次曲線
	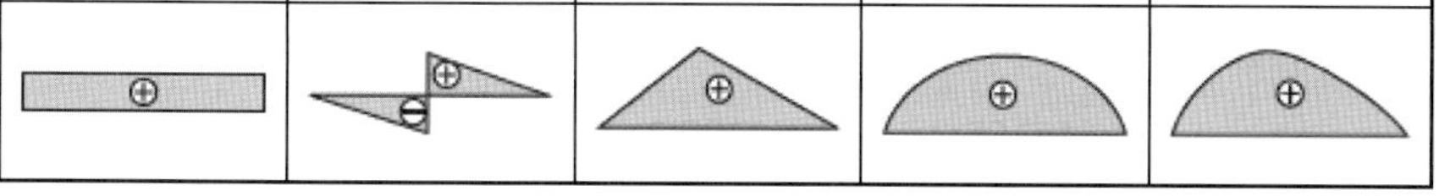				

1.6　扭轉與剪應力

一、扭轉

　　扭轉在固體力學領域，是指一個對象由於受到**扭矩**而發生變形。扭矩的單位是**牛頓米**（N·m）。在垂直於轉矩軸的截面產生的**剪應力**垂直於半徑。

$$\theta = \frac{L}{G.I_P} \cdot M_t$$

其中

L 是杆的長度

G 是材料的剪切模量

I_P 是杆的截面二次軸矩

　　對於薄壁梁，其橫截面是否封閉，對抗扭性影響很大。例如，一個壁厚為半徑的 10% 圓管，封閉橫截面比開槽橫截面的圓管抗扭性大 300 倍。

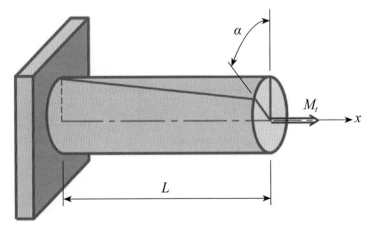

圖 1-27

二、圓軸之扭轉變形

轉矩（torque）即一力矩可讓一構件繞著其縱軸扭轉，此效應的考慮主要是在於

設計車輛和機械的車軸或傳動軸。

變形過程中，如果扭轉角度很小，則我們可假設軸的長度和其半徑將維持不變。

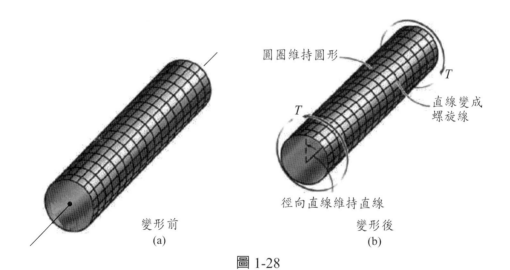

圓圈維持圓形

直線變成螺旋線

T

T

徑向直線維持直線

變形前
(a)

變形後
(b)

圖 1-28

　　扭轉變形是桿件的基本變形形式之一。扭轉變形的基本特徵是：桿件在兩端垂直於軸線的平面內作用一對大小相等而方向相反的力偶，使其橫截面產生相對轉動如圖 1-29。圓桿表面的縱向線變成了螺旋線，螺旋線的切線與原縱向線的夾角 γ 稱為**剪切角**。截面 B 相對於截面 A 轉動的角度 ϕ，稱為**相對扭轉角**。

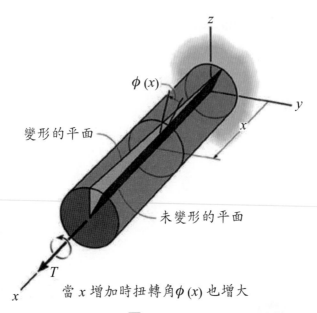

$$\phi(x)$$

變形的平面

未變形的平面

$$T$$

當 x 增加時扭轉角 $\phi(x)$ 也增大

圖 1-29

由剪應變之定義，可得

$$\gamma = \frac{\pi}{2} - \lim_{\substack{C \to A \text{ 沿著 } CA \\ D \to A \text{ 沿著 } BA}} \theta'$$

令 $\Delta x \to dx$ 且 $\Delta \phi \to d\phi$，

可得

$$BD = \rho d\phi = dx\gamma$$

因此

$$\gamma = \rho \frac{d\phi}{dx} \qquad \gamma = \left(\frac{\rho}{c}\right)\gamma_{max}$$

三、扭轉公式

由使用虎克定律（ $\tau = G\gamma$ ）和式 $[\gamma = (\rho/c)\gamma_{max}]$，可得

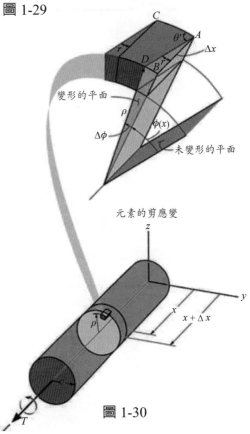

元素的剪應變

圖 1-30

$$\tau = \left(\frac{\rho}{c}\right)\tau_{max}$$

$$T = \int_A \rho\,(\tau dA) = \int_A \rho\left(\frac{\rho}{c}\right)\tau_{max}dA$$

$$T = \frac{\tau_{max}}{c}\int_A \rho^2 dA$$

上式的積分項僅與軸之幾何特性有關，它代表著軸截面對軸心計算得之極慣性矩。若用符號 J 來表示此值，則上式寫成較簡化的式子：

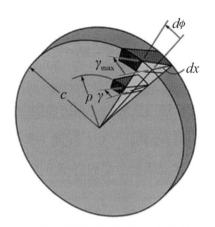

材料的剪應變與 ρ 呈線性增加，即 $\gamma = (\rho/c)\gamma_{max}$

$$\tau_{max} = \frac{Tc}{J}$$

圖 1-31

此處 τ_{max} 最大剪應力，發生在外表面上。

$T =$ 作用在截面的總內扭矩，此值是由截面法及對軸心縱軸力矩平衡方程式而求得。

$J =$ 截面的極慣性矩

$c =$ 軸半徑

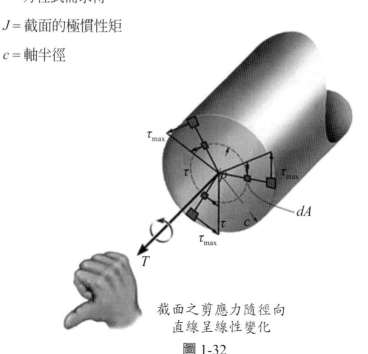

截面之剪應力隨徑向直線呈線性變化

圖 1-32

使用上式，則截面上徑向距離為 ρ 處的剪應力可由相似之公式求得：

$$\tau = \frac{T\rho}{J}$$

上述兩個方程式中通常稱為**扭轉公式（torsion formula）**。注意此式僅當軸為圓形而材料為均質且呈線彈性方式時才適用，由於推導是基於剪應力正比於剪應變的關係，所以此兩者均隨截面半徑方向呈線性變化。

四、實心軸

如果軸截面為實心圓形，則極慣性矩 J 的計算可使用厚度 $d\rho$ 和圓周為 $2\pi\rho$ 之一微分環帶積分求得，如圖的環面積 $dA = 2\pi\rho$，因此

$$J = \int_A \rho^2 dA = \int_0^c \rho^2 (2\pi\rho \, d\rho) = 2\pi \int_0^c \rho^3 d\rho = 2\pi \left(\frac{1}{4}\right) \rho^4 \Big|_0^c \qquad J = \frac{\pi}{2} c^4$$

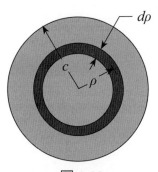

圖 1-33

注意：J 值為環形區域的幾何性質且為恆正，常用的單位為 mm^4 或 in^4。

五、圓管軸

$$J = \frac{\pi}{2} (c_o^4 - c_i^4)$$

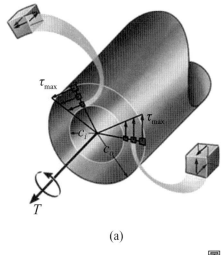

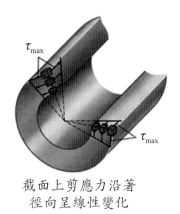

截面上剪應力沿著
徑向呈線性變化

(a)　　　　　　　　　　　　　　　　　(b)

圖 1-34

六、絕對最大扭轉應力

如果要求出絕對最大扭轉應力，則必須找出 $\tau_m = Tc/J$ 為最大的位置。畫出沿著軸心方向之各截面上內扭矩的變化圖稱為**扭矩圖（torque diagram）**是很重要地。如果以右手定則來定義符號的正負，則當手指彎曲成扭矩轉之方向時，若此時大姆指指向離開軸的方向，則 T 為正值，一旦軸中內扭矩均已求得，則可判斷 Tc/J 的最大比值了！

• **重點提示**

當一具有環形截面的軸承受一扭矩時，其截面仍保持平面而徑向線則會旋轉一角度，此情況會造成材料內沿任何徑向方向產生一線性變化的剪應變，且大小變化是由軸心處的零到外層邊界的最大值。

對均質線彈性材料而言，由於虎克定律，沿軸的徑向方向上剪應力也會呈現線性變化，且亦為由軸心處的零到外層邊界的最大值，而最大剪應力必須不超過比例限。以線性分布存在。

扭轉公式是根據作用在截面的總扭矩須等於由縱軸向的剪應力分布所造成的扭矩。此式需要軸或管為環形截面且由均勻材質及線彈性行為。

七、截面特性

計算截面的極慣性矩。對於半徑為 c 的實心截面，$J = \pi c^2$。而外半徑為 c_0，內半徑為 c_i 的圓管，其 $J = \pi(C_o^4 - C_i^4)/2$。

八、剪應力

求出欲計算其剪應力的點到此點所在之截面形心的徑向距離，然後使用扭轉公式 $\tau = Tp/J$，或使用 $\tau_{ma} = Tc/J$ 來計算最大剪應力。注意代入數據時，採用之單位需統一。

作用在截面上的剪應力之方向通常垂直 ρ，它所造成的力必定對軸心產生一扭矩，其方向與作用於截面的總內扭矩 T 相同。一旦此方向已確定，則座落於欲計算 τ 處點上之體積元素可被隔離出，而作用於元素另三個面上的 τ 值方向可顯示出來。

例題 1 ✒——————————————

半徑 c 的實心軸，承載一轉矩 T，如下圖所示。計算軸鐘內半徑為 $c/2$ 到外半徑為 c 的區域（實體部分）盛載 T 的比例值。

解：

軸之應力為線性變化，公式 $\tau = (\rho/c)\tau_{max}$，所以如下圖，中心區域扭矩

$$dT' = \rho(\tau dA) = \rho(\rho/c)\tau_{max}(2\pi\rho \, d\rho)$$

$$T' = \frac{2\pi\tau_{max}}{c}\int_{c/2}^{c}\rho^3 d\rho$$

$$= \frac{2\pi\tau_{max}}{c}\frac{1}{4}\rho^4\Big|_{c/2}^{c}$$

$$T' = \frac{15\pi}{32}\tau_{max}c^3$$

$$\tau_{max} = \frac{Tc}{J} = \frac{Tc}{(\pi/2)c^3}$$

$$\tau_{max} = \frac{2T}{\pi c^3}$$

$$T' = \frac{15}{16}T$$

例題 2 ✐

下圖鋼管內徑 = 80mm，外徑 = 100mm，施力之情況如下圖，計算管中央部分之內壁及外壁上的剪應力。

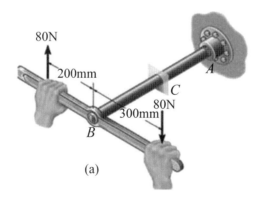

(a)

解：

$$\sum M_y = 0 \, ; \, 80\text{N}(0.3\text{m}) + 80\text{N}(0.2\text{m}) - T = 0$$

$$T = 40\text{N} \cdot \text{m}$$

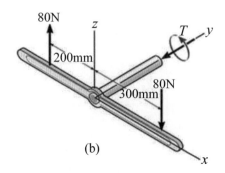

(b)

管子截面極慣性矩

$$J = \frac{\pi}{2}[(0.05\text{m})^4 - (0.04\text{m})^3] = 5.796(10^{-6})\ \text{m}^4$$

管子外表面剪應力（$\rho = c_o = 0.05\text{m}$）

$$\tau_o = \frac{TC_o}{J} = \frac{40\text{N} \cdot \text{m}(0.05\text{m})}{5.796(10^{-6})\text{m}^4} = 0.345\text{MPa}$$

管子內表面剪應力（$\rho = c_i = 0.04\text{m}$）

$$\tau = \frac{T}{2A_0t} \qquad \tau_i = \frac{TC_i}{J} = \frac{40\text{N} \cdot \text{m}(0.04\text{m})}{5.796(10^{-6})\text{m}^4} = 0.276\text{MPa}$$

1.7 剪應力

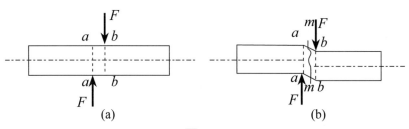

圖 1-35

(1) 概念說明

剪切變形是杆件的基本變形之一。如圖 1-35(a) 所示，當杆件受到一對垂直於杆、方向相反、作用線相距很近的力 F 作用時，力 F 作用線之間的各橫截面都將發對錯動，即剪切變形。若力 F 過大，杆件將在力 F 作用線之間的某一截面 *m-m* 被剪斷，*m-m* 稱爲剪切面。如圖 1-35(b) 所示，截面 *b-b* 相對於截面 *a-a* 發生錯動。

(2) 工程實例

工程中以剪切變形爲主的構件很多，如在構件之間起連接作用的鉚釘銷釘栓（圖 1-36(b)）焊縫、（圖 1-36(c)）、鍵塊（圖 1-36(d)）等都稱爲連接件。

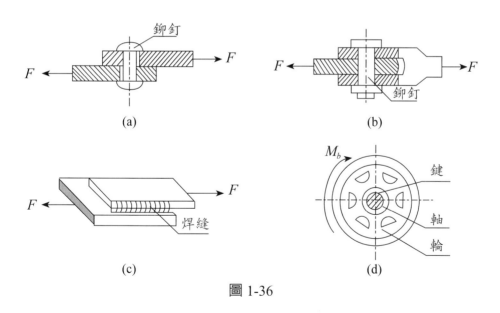

圖 1-36

在結構中，它們的體積雖然都比較小，但對保證整個結構的安全卻起著重要的作用。根據實驗及理論分析，在外力作用下，螺栓、鉚釘、鍵塊等連接件在發生剪切變形的同時往往伴隨著其它變形，在它們內部所引起的應力，不論其性質、分布規律及大小等都很複雜。因此，工程中爲了方

便計算，在實驗的基礎上，往往對它們作一些近似的假設，採用實用計算的方法。

一、剪應力計算

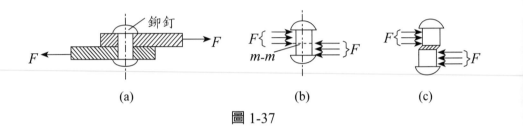

圖 1-37

如圖 1-37(a) 所示，用鉚釘連接兩塊鋼板，當鋼板受到軸力 F 的作用時，鉚釘受到與垂直、大小相等、方向相反、彼此相距很近的兩組力的作用（圖 1-37(b)），在這兩組力的作用下，鉚釘在 $m\text{-}m$ 截面處發生剪切變形（圖 1-37(c)），$m\text{-}m$ 截面稱為**剪切面**。用截面法可以計算鉚釘在剪切面上的內力。如圖 1-38(a) 所示，假想鉚釘沿 $m\text{-}m$ 面切斷，取下部為脫離體來研究。設剪切面 $m\text{-}m$ 上的內力為 F_S，根據靜力平衡條件得：

$$F_S = F$$

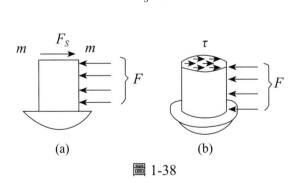

圖 1-38

作用在剪切面上平行於截面的內力 F_S 稱為**剪力**，與 F 大小相等，方向相反。在剪切面上切應力的分布是比較複雜的，對於可能發生切破壞的

構件，其剪切強度計算，工程中採用實用計算的方法，假定剪切面上切應力是均勻分布的（圖 1-38(b)）。即：

$$\tau = \frac{F_S}{A_S}$$

式中 F_s 為剪切面上的剪力，A_s 為剪切面面積。切應力 τ 的方向與剪力 F_s 一致，實質上就是截面上的平均切應力，稱為**計算切應力**（又稱名義切應力）。

　　要判斷構件是否會發生破壞，還需要建立剪切強度條件。材料的極限切應力是按計算切應力公式，根據剪切試驗所得破壞荷載而得來的，選擇適當的安全因數，得容許切應力：

$$[\tau] = \frac{\tau_b}{n}$$

　　於是，剪切強度條件為：

$$\tau = \frac{F_S}{A_S} \leq [\tau]$$

二、擠壓的實用計算

　　作用在承壓面上的壓力稱為**擠壓力**。在承壓面上由於擠壓作用而引起的應力稱為**擠壓應力**。擠壓應力的實際分布情況比較複雜，在工程實際計算中，採用實用計算的方法。

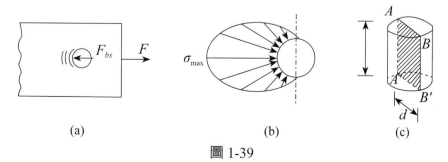

(a)　　　　　　　　　　(b)　　　　　　　　(c)

圖 1-39

圖 1-39(a) 所示的鉚釘與鋼板之間發生擠壓，接觸面爲半圓柱面，實際擠壓應力在此接觸面是不均勻分布的，其分布規律比較複雜，如圖 1-39(b) 所示。在擠壓的實用計算中，假設**計算擠壓應力**在**計算擠壓面**上均勻分布，計算擠壓面爲承壓面在垂直於擠壓力方向的平面上的投影。計算擠壓應力的計算式爲：

$$\sigma_{bs} = \frac{F_{bs}}{A_{bs}}$$

其中 F_{bs} 爲接觸面上的擠壓力；A_{bs} 爲計算擠壓面的面積。計算擠壓應力與實際擠壓應力的最大值是接近的。

對於接觸面是半圓柱面時，取直徑平面面積，如圖 1-39(c) 所示。

爲了確定連接件的許用擠壓應力，可以透過連接件的破壞實驗測定擠壓極限荷載，然後按照計算擠壓應力的實用計算公式可以算出擠壓極限應力，再除以適當的安全係數就可以得到連接件的許用擠壓應力。於是建立擠壓強度條件如下：

$$\sigma_{bs} = \frac{F_{bs}}{A_{bs}}$$

其中 $[\sigma_{bs}]$ 爲許用擠壓應力。試驗表明，許用擠壓應力 $[\sigma_{bs}]$ 比許用應力 $[\sigma]$ 要大，對於鋼材，可取 $[\sigma_{bs}] = (1.7 \sim 2.0)[\sigma]$。

下面以圖 1-40 所示的鉚釘搭結兩塊鋼板爲例，討論用鉚釘連接的拉壓構件的計算。鉚釘連接的破壞有下列三種形式：1. 鉚釘沿其剪切面被剪斷；2. 鉚釘與鋼板之間的擠壓破壞；3. 鋼板沿被削弱了的橫截面被拉斷。爲了保證鉚釘連接的正常工作，就必須避免上述三種破壞的發生，根據強度條件分別對三種情況作實用強度計算。

三、鉚釘的剪切實用計算

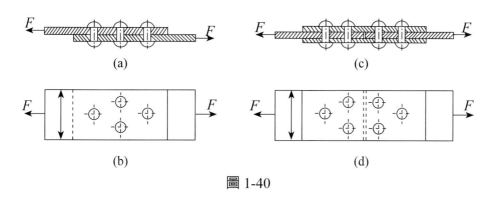

圖 1-40

　　設鉚釘個數爲 n，鉚釘直徑爲 d，接頭所受的拉力爲 F，採用前面鉚釘的剪切實用計算方法，假定鉚釘只受剪切作用，切應力沿剪切面均勻分佈，並且每個鉚釘所受的剪力相等，即所有鉚釘平均分擔接頭所承受的拉力 F。

　　每個鉚釘剪切面上的剪力爲：

$$F_S = \frac{F}{n}$$

$$\tau = \frac{F_S}{A_S} = \frac{\dfrac{F}{n}}{\dfrac{\pi d^2}{4}} = \frac{4F}{n\pi d^2} \leq [\tau]$$

式中 $[\tau]$ 爲鉚釘的許用切應力，A_S 爲剪切面面積。

　　必須指出，以上所述是對搭接方式連接的實用計算，每個鉚釘只有一個剪切面。如果採用對接方式連接（如圖 1-41 所示），則每個鉚釘有兩個剪切面，每個剪切面上的剪力：

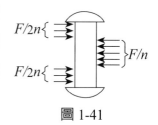

圖 1-41

$$F_S = \frac{F}{2n}$$

其他計算與上類似。

四、鉚釘與鋼板孔壁之間的擠壓實用計算

採用前面鉚釘與鋼板孔壁之間的擠壓實用計算方法，假設擠壓應力在計算擠壓面上是均勻分布的。

根據擠壓應力的實用計算式，擠壓 $\sigma_{bs} = \dfrac{F_{bs}}{A_{bs}}$ 強度條件為：

$$\sigma_{bs} = \frac{F_{bs}}{A_{bs}} = \frac{F}{ndt} \le [\sigma_{bs}]$$

對於搭接方式連接的情況，應分別校核中間鋼板及上下鋼板與鉚釘之間的擠壓強度。

五、鋼板的抗拉強度校核

由於鉚釘孔的存在，鋼板在開孔處的橫截面面積有所減小，必須對鋼板被削弱的截面進行強度校核。

例題 1 ✎

圖示兩塊鋼板搭接連接而成的鉚接接頭。鋼板寬 $b = 200$mm，厚度 $t = 8$mm。設接頭拉力 $F = 200$kN，鉚釘直徑 20mm，許用切應力 $[t] = 160$MPa，鋼板許用拉應力 $[\sigma] = 170$MPa，擠壓許用應力 $[\sigma_{bs}] = 340$MPa。試校核此接頭的強度。

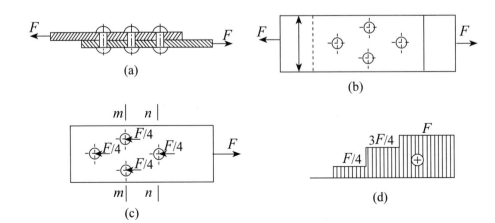

(a)

(b)

(c)

(d)

解：

為保證接頭強度，需作出三方面的校核。

(1) 鉚釘的剪切強度校核每個鉚釘所受到的力等於 $F/4$

$$\tau = \frac{F_S}{A_S} = \frac{F/4}{\pi d^2/4} = \frac{200 \times 10^3}{\pi \times (20 \times 10^{-3})^2/4 \times 4}$$

根據剪切強度條件式得

$= 159.15 \times 10^6 \text{Pa} = 159.15 \text{MPa} < [\tau]$

滿足剪切強度條件。

(2) 鉚釘的擠壓強度校核

上、下側鋼板與每個鉚釘之間的擠壓力均為 $F_{bs} = F/4$，由於上、下側鋼板厚度相同，所以只校核下側鋼板與每個鉚釘之間的擠壓強度，根據擠壓強度條件式得：

$$\sigma_{bs} = \frac{F_{bs}}{A_{bs}} = \frac{F/4}{d \cdot t} = \frac{200 \times 10^3}{20 \times 10^{-3} \times 8 \times 10^{-3} \times 4}$$

$= 312.5 \times 10^6 \text{Pa} = 312.5 \text{MPa} < [6\,bs]$

滿足擠壓強度條件。

六、鋼板的抗拉強度校核

由於上、下側鋼板厚度相同，故驗算下側鋼塊即可，畫出它的受力圖及軸力圖（圖 1-42(c)、(d)）。

對於截面 $m\text{-}m$：

$A = (b - md)t = (0.2 - 2 \times 0.02) \times 0.008$

$\quad = 12.8 \times 10^{-4} \text{m}^2$

$$\sigma = \frac{F_N}{A} = \frac{200 \times 10^3 \times 3/4}{12.8 \times 10^{-4}}$$

$$= 117.2 \times 10^6 \text{Pa} = 117.2 \text{MPa} < [\sigma]$$

$$\sigma = \frac{F_N}{A} = \frac{200 \times 10^3}{14.4 \times 10^{-4}}$$

滿足抗拉強度條件。

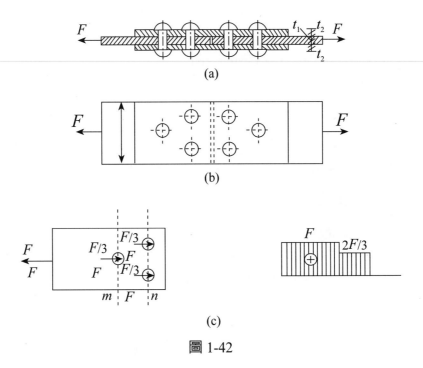

圖 1-42

$$A = (0.2 - 1 \times 0.02) \times 0.008 = 14.4 \times 10^{-4} \text{m}^2$$

$$= 138.9 \times 10^6 \text{Pa} = 138.9 \text{MPa} < [\sigma]$$

滿足抗拉強度條件。

如上所述，該接頭是安全的。

第二章　梁彎曲與變形

2.1　概述

　　不同荷載作用時，梁的內部有拉力、壓力和剪切應力。通常，在重力作用下，梁發生向下的微小彎曲變形，因爲梁上部受壓，下部受拉。在梁的中間，既不受拉也不受壓的部分稱爲中性軸。在支點處，梁承受剪應力。預力混凝土梁中，混凝土始終承受壓應力；高強度鋼筋先被拉長，然後澆築混凝土，當混凝土凝固，達到強度要求時，鋼筋的約束被釋放，混凝土受到巨大的壓應力，發生向上的變形；當外部荷載作用時，向上的變形與外部荷載向下的變形抵消，從而提高承載能力。預應力混凝土梁常用於大型橋梁。

　　結構分析的主要工具是來自**歐拉方程式**。其他用來確定梁**撓度**的數學方法有虛工法和撓度斜坡法，工程師是在確定撓度感興趣，梁撓度也是最小化的審美原因。

　　一個明顯下垂的結構物，即使結構安全，也很不雅觀，要避免。一個嚴謹的梁（高彈性模量和高面積二階矩）產生偏轉較少。工程師應關心梁的撓度問題，因爲梁可能是**脆斷**性材料（如玻璃）。減小撓度還有審美上的原因。爲確定梁內的力量施加在橫梁上的支持的數學方法，包括力矩分配法、直接剛度法（提高梁的剛性度，彈性模量和**截面二次軸距**），可以減小撓度。

　　計算梁內力和支座反力的數學方法有**力矩分配法**和**直接剛度法**。

　　如果結構受力後產生的應力超過材料的降伏強度或抗拉強度，結構本身會產生永久性的破壞，就叫作結構的強度不足。結構的剛性不足時，受

力後產生的變形量太大，即使結構不發生破壞，往往也會影響機械系統運動的精確度，並且可能產生振動和噪音等問題。結構對於張力、壓力的承受能力（包括強度和剛性），都遠遠優於對於彎矩的承受能力。

結構設計時的一個重要原則是盡量讓結構中材料承受張力或壓力。而對現有結構中受到彎矩的部位，也要特別敏感、小心，這個部位可能最容易發生破壞。

2.2　說明

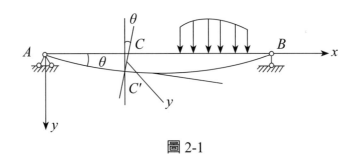

圖 2-1

圖 2-1 所示的簡支梁，任一橫截面的形心即軸線上的點在垂直於 x 軸方向的線位移，稱為**撓度**，用 y 表示；橫截面繞中性軸轉動的角度，稱為該截面的**轉角**，用 θ 表示，如圖中 C 截面轉過的角度 θ 即為 C 截面的轉角。

梁變形後的軸線可用下式表示：$y = f(x)$ 稱為**撓曲線方程式**

$\theta \approx \tan\theta = \dfrac{dy}{dx} = f'(x)$ 稱為**轉角方程式**。

2.3　梁的撓曲線近似微分方程及其積分

小變形情況下，梁的撓曲線為一平坦的曲線，**撓曲線近似微分方程為**

$$\frac{d^2y}{dx^2} = \pm\frac{M(x)}{EI}$$

式中的正負號取決 $\dfrac{d^2y}{dx^2}$ 於與 $M(x)$ 的正負號的規定。

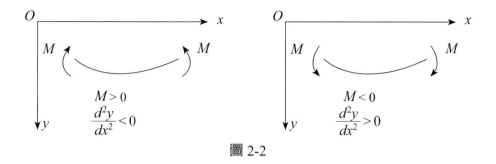

圖 2-2

如圖 2-2 所示的坐標系中，*y* 軸以向下為正，當 *M(x)* > 0 時，樑的撓曲線向下凸，此時 $\dfrac{d^2y}{dx^2} < 0$；當 *M(x)* < 0 時，樑的撓曲線向上凸，此時 $\dfrac{d^2y}{dx^2} > 0$。

M(x) 與 $\dfrac{d^2y}{dx^2}$ 關係如圖 2-2 所示。這樣，在圖示坐標系中，*M(x)* 與 $\dfrac{d^2y}{dx^2}$ 的符號總是相反，所以**撓曲線近似微分方程為：**

$$\frac{d^2y}{dx^2} = -\frac{M(x)}{EI} \text{（應取負號）}$$

對該撓曲線近似微分方程進行積分，可求得任一截面的撓度及轉角。

當樑為等截面直樑時，彎曲剛度 *EI* 為常數，對式 $\dfrac{d^2y}{dx^2} = -\dfrac{M(x)}{EI}$ 積分一次，得

$$\theta = \frac{dy}{dx} = -\frac{1}{EI}\left[\int M(x)dx + C\right]$$

再積分一次，可得：$y = -\dfrac{1}{EI}\left[\int M(x)dx^2 + Cx + D\right]$

以上兩式中，*C*、*D* 為積分常數，可通過樑的邊界條件及變形連續條件確定。例如在圖 2-3(a) 簡支樑中，*A*、*B* 支座處的撓度都等於零；在圖 2-3(b) 懸臂樑中，固定端處撓度和轉角都等於零。積分常數 *C*、*D* 確定後，代入式中，便可求得樑的轉角方程和撓曲線方程，進而可求得樑上任一橫截面的轉角和撓度。

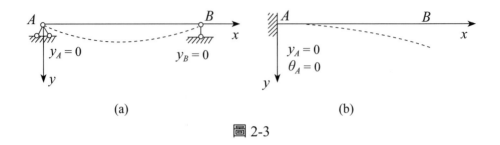

(a)   (b)

圖 2-3

例題 1

圖示等截面懸臂梁 AB，在自由端作用一集中力 F，梁的彎曲剛度為 EI，試求梁的撓曲線方程和轉角方程，並確定其最大撓度 y_{max} 和最大轉角 θ_{max}。

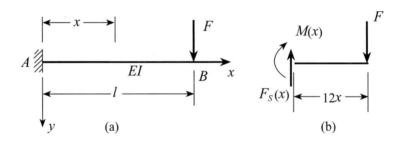

解：

(1) 列出梁的彎矩方程式

建立坐標系如圖 (a) 所示，取 x 處橫截面右邊一段梁作爲自由體（圖 (b)），彎矩方程式：(a)$M(x) = -F(\ell - x)$

(2) 建立梁的撓曲線近似微分方程式：

(b) $\dfrac{d^2y}{dx^2} = -\dfrac{M(x)}{EI} = \dfrac{F(l-x)}{EI}$

(3) 對微分方程二次積分

一次積分，得：(c) $\theta = \dfrac{dy}{dx} = -\dfrac{1}{EI}\left(Flx - \dfrac{1}{2}Fx^2 + C\right)$

二次積分，得：(d) $y = \frac{1}{EI}\left(\frac{1}{2}Flx^2 - \frac{1}{6}Fx^3 + Cx + D\right)$

(4) 利用樑的邊界條件確定積分常數

　　在樑的固定端，橫截面的轉角和撓度都等於零，即：$x = 0$ 時，$y = 0$，$\theta = 0$ 代入式 (c)、(d)，求得 $C = 0$，$D = 0$。

(5) 給出轉角方程和撓曲線方程

$$\theta = \frac{dy}{dx} = \frac{1}{EI}\left(Flx - \frac{1}{2}Fx^2\right), \quad y = \frac{1}{EI}\left(Flx^2 - \frac{1}{6}Fx^3\right)$$

(6) 求最大撓度和最大轉角

　　根據樑的受力情況和邊界條件，可知此樑的最大撓度和最大轉角都在自由端即 $x = l$ 處。將 $x = l$ 代入 (e)、兩式，則可求得最大轉角及最大撓度分別為：

$$\theta_{\max} = \frac{Fl^2}{EI} - \frac{Fl^2}{2EI} = \frac{Fl^2}{2EI} \qquad y_{\max} = \frac{Fl^3}{EI} - \frac{Fl^3}{6EI} = \frac{Fl^3}{3EI}$$

　　撓度為正，樑變形時 B 點向下移動，轉角為正，說明橫截面 B 沿順時針方向轉動。

　　用積分法計算樑的位移時，應先寫出樑的彎矩方程，建立樑的撓曲線近似微分方程，然後得到轉角和撓曲線方程式，積分中出現的積分常數可通過邊界條件確定。當全樑的彎矩不能用統一的方程式表示時，應分段列出其彎矩方程和撓曲線近似微分方程，並分段積分。積分常數的確定除了利用樑的邊界條件外，還需利用樑的變形連續條件。

2.4　靜不定梁

一、力矩—面積法

　　如果使用力矩—面積法求解靜不定梁或軸的未知贅力，則必須繪製 M/EI 圖，且贅力在圖上以未知數表示。兩個力矩—面積定理可用來求得彈性曲線上切線間的關係，以滿足梁或軸上支承處之位移與／或斜率的條件。在所有的情況下，這些相容條件的數目將等於贅力的數目，因此可解出所有的贅力值。

　　以重疊法繪製彎矩圖由於使用力矩—面積定理需計算圖下的面積及此面積形心之位置，故採用每一個已知負載及贅力的各別 M/EI 圖較使用整體圖計算其幾何大小來得方便。如果整體彎矩圖形狀複雜的話，則此方便性更加明顯。此各別彎矩圖的方法即為重疊原理。

　　梁或軸上大多數的負載可用圖 2-4 所示之四種負載來組合。

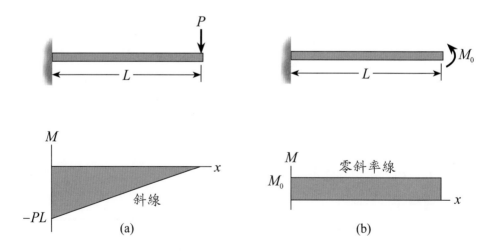

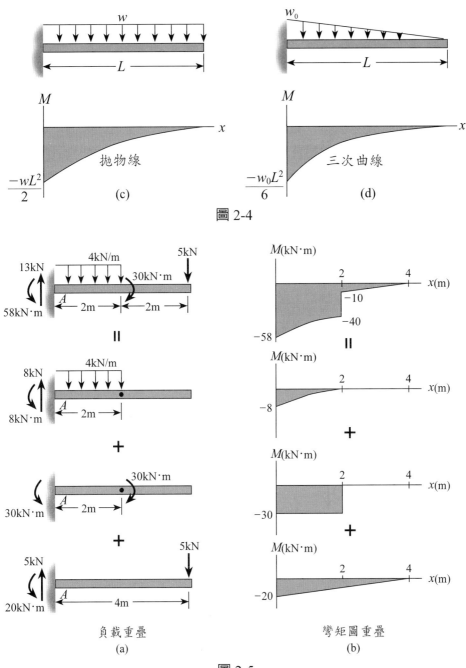

抛物線

$-\dfrac{wL^2}{2}$

(c)

三次曲線

$-\dfrac{w_0 L^2}{6}$

(d)

圖 2-4

負載重疊

(a)

彎矩圖重疊

(b)

圖 2-5

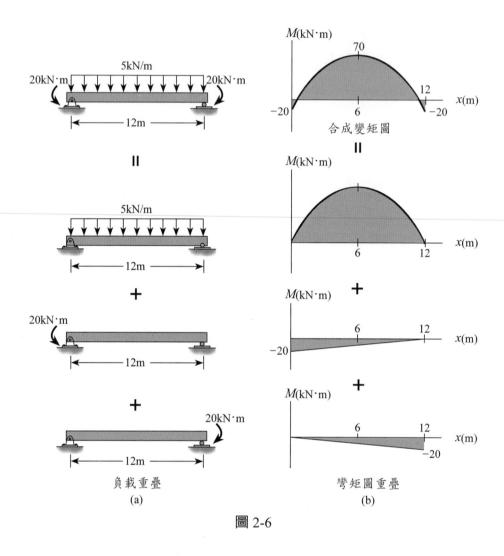

圖 2-6

例題 1

梁承受如下圖 (a) 之集中負載，若 EI 為常數，計算支承處之反作用力。

解：

M/*EI* 自由體圖表示於圖 (b) 中，使用重疊法，反作用力 *B* 及負載 *P* 的 *M*/*EI* 圖繪於圖 (c) 彈性曲線，梁之彈性曲線繪於圖 (d) 支撐 *A*，*B* 之切線繪出：

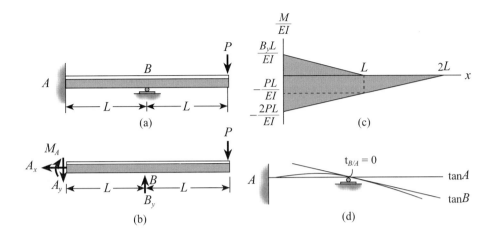

$\because \Delta_B = 0 \quad \therefore t_{B/A} = 0$

力矩—面積定理，我們可得：

$$t_{B/A} = \left(\frac{2}{3}L\right)\left[\frac{1}{2}\left(\frac{B_y L}{EI}\right)L\right] + \left(\frac{L}{2}\right)\left[\frac{-PL}{EI}(L)\right] + \left(\frac{2}{3}L\right)\left[\frac{1}{2}\left(\frac{-PL}{EI}\right)(L)\right] = 0$$

$B_y = 2.5\text{P}$

平衡方程式　從圖 (b) 自由體圖，求得如下：

$\xrightarrow{+}\ \Sigma F_x = 0\ ;\qquad\qquad A_x = 0$

$+\uparrow \Sigma F_y = 0\ ;\qquad\quad -A_y + 2.5P - P = 0$

$\qquad\qquad\qquad\qquad A_y = 1.5P$

$\curvearrowleft + \Sigma M_A = 0\ ;\qquad -M_A + 2.5P(L) - P(2L) = 0$

$\qquad\qquad\qquad\qquad M_A = 0.5PL$

例題 2 ✎

梁承受如下圖 (a) C 點之力偶矩，若 EI 為常數，計算 B 處之反作用力。

解：

M/EI 自由體圖表示於圖 (b) 中，此梁為度靜不定，B_y 為贅力，使用重

疊法，求 B_y 及 M_O 個別作用在簡支樑時之 M/EI 圖繪於圖 (c) 梁之彈性曲線繪於圖 (d)

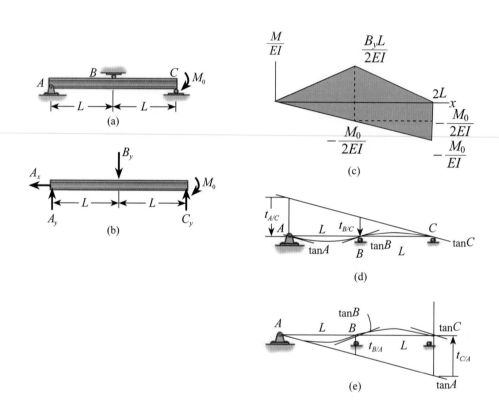

$\because \Delta_A = \Delta_B = \Delta_C = 0$

$\therefore t_{B/C} = 1/2\ (t_{A/C}) \cdots \cdots (1)$

從圖 (c) 得：

$$t_{B/C} = \left(\frac{1}{3}L\right)\left[\frac{1}{2}\left(\frac{B_yL}{2EI}\right)(L)\right] + \left(\frac{2}{3}L\right)\left[\frac{1}{2}\left(\frac{-M_0}{2EI}\right)(L)\right] + \left(\frac{L}{2}\right)\left[\left(\frac{-M_0}{2EI}\right)(L)\right]$$

$$t_{A/C} = (L)\left[\frac{1}{2}\left(\frac{B_yL}{2EI}\right)(2L)\right] + \left(\frac{2}{3}(2L)\right)\left[\frac{1}{2}\left(\frac{-M_0}{EI}\right)(2L)\right]$$

代入 (1) 簡化得：$B_y = 3M_o\,/\,2L$

平衡方程式　從平衡方程式可求得 A，C 處之反力從圖 (b) 證明 $A_x = 0$，

$A_y = M_o / 4L$，$C_y = 5M_o / 4L$

二、重疊法

　　首先需如同上節的方式確認多餘支承反作用力，將這些贅力從樑上移除則得到所謂的**主樑（primary beam）**，爲穩定結構且可由靜平衡解之，並僅承載軸向負荷。如果我們將此樑分解爲一串相似的支持樑，各樑均承載一分離的贅力，我們必須寫出各個贅力作用處的相容條件，由於贅力是直接由此方式求得，故有時稱此分析法爲力法（force method）。

　　各別的贅力或贅力矩作用之主樑。

　　畫出各樑之撓度曲線並標出各贅力或力矩作用點之位移或斜率。

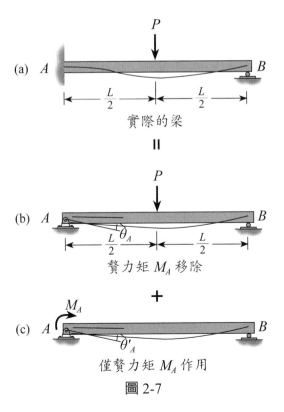

圖 2-7

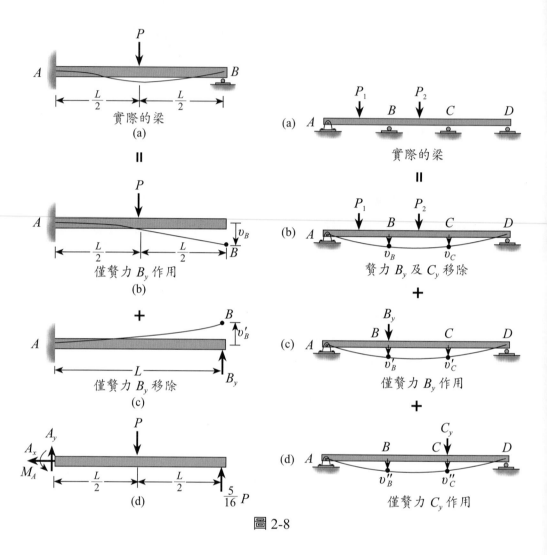

圖 2-8

由重疊原理，在 B 和 C 處的位移相容方程式為：

$$(+\downarrow) \quad 0 = v_B + v_B' + v_B''$$

$$(+\downarrow) \quad 0 = v_C + v_C' + v_C''$$

下列的步驟提供一套方法利用重疊法（或力法）求解靜不定梁或軸之反作用力。

1. 彈性曲線

選擇未知的贅力或贅力矩，再將之從梁上移除以使此梁變爲靜定且穩定。

使用重疊原理繪出此靜不定梁等效於一系列靜定梁。

這些梁的第一個是主梁，它支持著與靜不定梁相同之負載，而其餘各個梁爲各別的贅力或贅力矩作用之主梁。

畫出各梁之撓度曲線並標出各贅力或力矩作用點之位移或斜率。

2. 相容方程式

(1)寫出贅力或贅力矩作用點之位移或斜率的相容方程式。

(2)再利用 2.1 節到 2.4 節所介紹之方法解出位移或斜率。

(3)將此結果代入相容方程式並解得未知的贅力值。

(4)如果贅力的數值爲正，則其方向與原先假設的方向相同。反之，若爲負值則表示贅力作用方向與假設者相反。

3. 平衡方程式

一旦贅力與／或贅力矩已求出，則剩餘的未知反作用力可從梁自由體圖上負載之平衡方程式解得。

例題 1 ✐————————————

梁承受如下圖 (a) 若 EI 爲常數，B 點爲滾輪，計算 B 處之反作用力併繪出剪力圖及彎矩圖。

解：

(1) 重疊原理

此梁爲一次靜不定，選 B 點爲贅力點，如圖 (b)、(c)，則可求得 B_y

(2) 相容方程式

B 點位移 = 0，故 $V_B - V_B' = 0$

$$v_B = \frac{wL^4}{8EI} + \frac{5PL^3}{48EI}$$

$$= \frac{6\text{kN/m} \cdot (3\text{m})^4}{8EI} = \frac{5(8\text{kN})(3\text{m})^3}{48EI} = \frac{83.25\text{kN} \cdot \text{m}^3}{EI} \downarrow$$

$$v_B' = \frac{PL^3}{3EI} = \frac{B_y(3\text{m})^3}{3EI} = \frac{(9\text{m}^3)B_y}{EI} \uparrow$$

$$0 = \frac{83.25}{EI} - \frac{9B_y}{EI}$$

$$B_y = 9.25\text{kN}$$

(3) 平衡方程式

繪出剪力圖及彎矩圖如 (d)、(e)

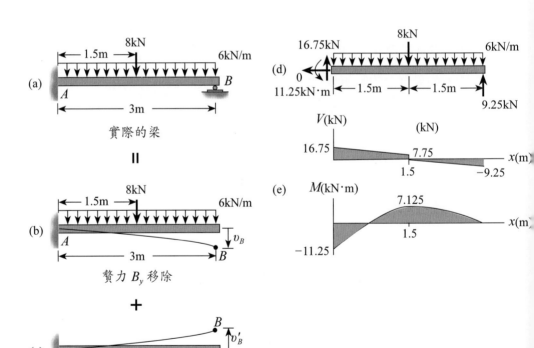

(a) 實際的梁

=

(b) 贅力 B_y 移除

+

(c) 僅贅力 B_y 作用

例題 2

如下圖梁，A 點為固定點，BC 桿直徑 12mm。兩構件之 E = 210GPa，

梁對其中性軸之慣性矩 I = 186(10^6)，計算 BC 桿支應力。

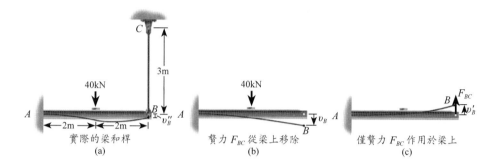

實際的梁和桿 (a)　　贅力 F_{BC} 從梁上移除 (b)　　僅贅力 F_{BC} 作用於梁上 (c)

解：

(1) **重疊原理**

此梁為一次靜不定，選 B 點為贅力點，因 BC 桿會伸長，產生位移

量 v_B''，如圖 (b)、(c)，則可求得 B_y。

(2) **相容方程式**

$$(+\downarrow) \qquad\qquad v_B'' = v_B - v_B'$$

$$v_B'' = \frac{PL}{AE} = \frac{F_{BC}(3\text{m})(1000\text{mm/m})}{(\pi/4)(12\text{mm})^2[210(10^3)\text{N/mm}^2]} = 1.26\,(10^{-4})F_{BC} \downarrow$$

$$v_B = \frac{5PL^3}{48EI} = \frac{5([40(10^3)]\text{N})(4\text{m})^3(1000\text{mm/m})^3}{48[(210)(10^3)\text{N/mm}^2][186(10^6)\text{mm}^4]} = 6.83\text{mm} \downarrow$$

$$v_B' = \frac{PL^3}{3EI} = \frac{F_{BC}(4\text{m})^3(1000\text{mm/m})^3}{3[210(10^3)\text{N/mm}^2][186(10^6)\text{mm}^4]} = 1.067 \times 10^{-3}F_{BC} \uparrow$$

因此：

$$(+\downarrow) \qquad 1.26 \times 10^{-4}F_{BC} = 6.83 - 1.067(10^{-3})F_{BC}$$

$$F_{BC} = 5.725(10^3)\text{N} = 5.725\text{kN}$$

例題 3

如下圖 (a)，若 EI 爲常數且忽略軸向負載之效應，計算 B 點之力矩。

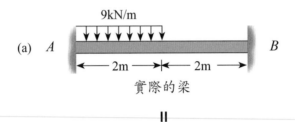

(a)　A　B

| ← 2m → | ← 2m → |

9kN/m

實際的梁

=

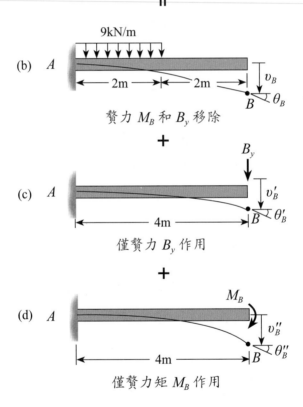

(b)　A

贅力 M_B 和 B_y 移除

+

(c)　A

僅贅力 B_y 作用

+

(d)　A

僅贅力矩 M_B 作用

解：

(1) 重疊原理

此梁爲二次靜不定，因忽略軸向負載之效應，故 A，B 點有垂直力

及力矩平衡方程式 $\Sigma M = 0$，$\Sigma F_y = 0$

(2) 相容方程式

參考 B 處的位移與斜率的需求

$$(\curvearrowright +) \qquad\qquad 0 = \theta_B + \theta_B' + \theta_B'' \qquad\qquad (1)$$

$$\theta_B = \frac{wL^3}{48EI} = \frac{9\text{kN/m}(4\text{m})^3}{48EI} = \frac{12\text{kN} \cdot \text{m}^3}{EI} \curvearrowright + v_B'' \qquad (2)$$

$$v_B = \frac{7wL^4}{384EI} = \frac{7(9\text{kN/m})(4\text{m})^4}{384EI} = \frac{42}{EI} \downarrow$$

$$\theta_B' = \frac{PL^2}{2EI} = \frac{B_y(4\text{m})^2}{2EI} = \frac{8B_y}{EI} \curvearrowright$$

$$v_B' = \frac{PL^3}{3EI} = \frac{B_y(4\text{m})^3}{3EI} = \frac{21.33B_y}{EI} \downarrow$$

$$\theta_B'' = \frac{ML}{EI} = \frac{M_B(4\text{m})}{EI} = \frac{4M_B}{EI} \curvearrowright$$

$$v_B'' = \frac{ML^2}{2EI} = \frac{M_B(4\text{m})^2}{2EI} = \frac{8M_B}{EI} \downarrow$$

代入方程式 (1)、(2) 得：

$$(\curvearrowright +) \qquad\qquad 0 = 12 + 8B_y + 4M_B$$

$$(+\downarrow) \qquad\qquad 0 = 42 + 21.33B_y + 8M_B$$

同時解上述方程式得到：

$$B_y = 3.375\text{kN}$$

$$M_B = 3.75\text{kN} \cdot \text{m}$$

三、超靜定樑的求解

　　如果樑的支座反力和內力僅靠靜力平衡條件不能全部確定，這種樑稱為超靜定樑。例如在簡支樑的中間增加一個支座 C（圖 2-9(b)），此時樑的支座反力有四個，而對該樑只能列出三個獨立的靜力平衡方程，所以只用靜力平衡條件不能求出全部的支座反力，即該樑是超靜定樑。又如在懸臂樑的自由端加一支座 B（圖 2-10(b)），該樑也是超靜定樑。

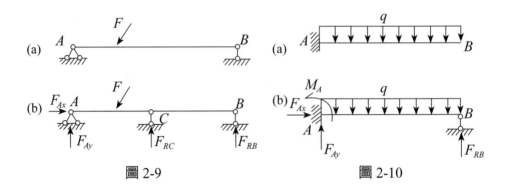

圖 2-9   圖 2-10

圖 2-9(b) 所示的梁均為一次超靜定梁,而圖 2-10(b) 所示的梁為二次超靜定梁。

超靜定梁的內力求解方法很多,說明如下。

超靜定梁的內力求解方法很多,舉例說明如下。

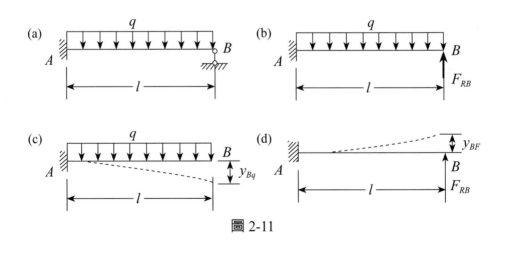

圖 2-11

圖 2-11(a) 所示為一次超靜定梁,故需建立一個補充方程。將支座 *B*

視為多餘約束，將該支座解除，並在 B 點施加與所解除的約束相對應的
支座反力 F_{RB}，假設其方向向上。這樣就得到了一個在均布荷載 q 和 F_{RB}
共同作用下的靜定懸臂樑（圖 2-11(b)）。

　　該靜定樑的變形情況應與原超靜定樑的變形相同。根據原超靜定樑的
約束條件可知，此樑在 B 點的撓度應等於零，即 $y_B = 0$。則圖 2-11(b) 所
示的靜定樑在均布荷載 q 和 F_{RB} 共同作用下，B 點的撓度也應等於零，按
疊加法，B 點的撓度可寫成：

$$y_B = y_{Bq} + y_{BF} = 0$$

式中 y_{Bq} 為懸臂樑在均布荷載單獨作用下引起（圖 2-11(c)）B 點的撓度懸
臂樑在 F_{RB} 作用下（圖 2-11(d)）B 點的撓度：

$$y_{Bq} = \frac{q\ell^4}{8EI}$$

$$y_{BF} = -\frac{F_{RB}\ell^3}{3EI}$$

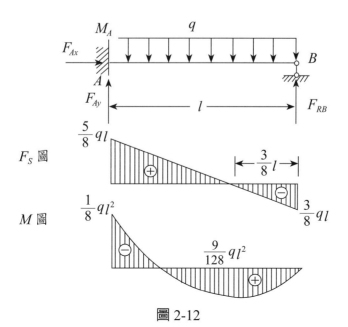

圖 2-12

將 y_{Bq}、y_{BF} 兩式代入撓度方程式，得：

$$y_B = \frac{q\ell^4}{8EI} - \frac{F_{RB}\ell^3}{3EI} = 0$$

由該式可解得：$F_{RB} = \frac{3}{8}q\ell$，所得 F_{RB} 為正，

說明 F_{RB} 的實際方向與假定方向相同。

求得 F_{RB} 後，可按靜力平衡條件求出該梁固定端的三個支反力，即：

$$F_{Ax} = 0，F_{Ay} = \frac{5}{8}q\ell，M_A = \frac{1}{8}q\ell^2$$ 並可繪出其剪力圖和彎矩圖。

2.6 組合變形

一、說明

在實際工程中，桿件所承受的荷載通常比較複雜，桿件所生的變形往往同時包含兩種或兩種以上的基本變形形式，這些變形形式所對應的應力或變形對桿件的強度或剛度產生同等重要的影響，而不能忽略其中的任何一種，像這類桿件的變形稱為**組合變形**。

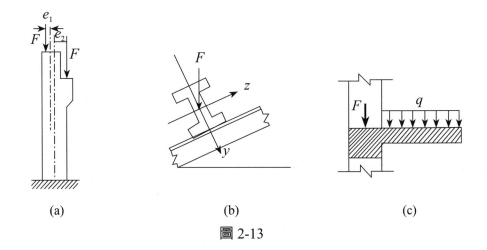

(a)	(b)	(c)

圖 2-13

例如，在有吊車的廠房中，帶有牛腿的柱子受到屋架以及吊車梁傳來的豎向荷載 F_1、F_2（圖 2-13(a)），它們的作用線與上下柱的軸線都不重合，屬於偏心受壓，這可以看作是**軸向壓縮與純彎曲的組合**；斜屋架上的檁條（圖 2-13(b)），受到屋面板上傳來的荷載 F，該荷載的作用線並不與工字鋼的任一形心主軸重合，所以引起的不是平面彎曲，將 F 沿兩形心主軸分解成兩個分量，這兩個分量分別引起兩方向的彎曲，這種情況稱為**斜彎曲**或**雙向彎曲**；遮雨棚梁（圖 2-13(c)），一方面受到梁上牆傳來的荷載，引起梁的彎曲，另一方面，受到遮雨棚板傳來的荷載，這部分荷載將引起梁的扭轉變形，所以遮雨棚梁可看作是**彎曲與扭轉的組合變形**。

二、斜彎曲

現以矩形截面懸臂梁為例來說明斜彎曲問題中應力和變形的計算。

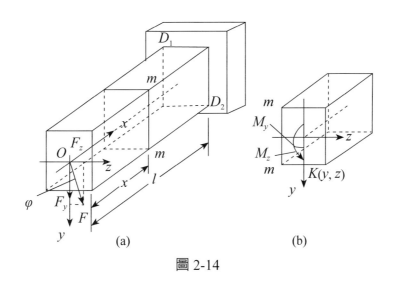

圖 2-14

如圖 2-14(a) 所示，懸臂梁在自由端受集中力 F 作用，其作用線通過橫截面的形心，並與截面的鉛垂對稱軸間的夾角為 φ。選取坐標系如圖 2-14(a) 所示，梁軸線為 x 軸，兩個對稱軸分別為 y 軸和 z 軸。

現將 F 沿 y 軸和 z 軸分解為兩個分力 F_y 和 F_z，即：

$$\left.\begin{array}{l} Fy = F\cos\varphi \\ Fz = F\sin\varphi \end{array}\right\} \qquad (2\text{-}1)$$

將每一個分力以及與它相應的支反力看作為一組力，在每一組力作用下，梁將在相應的縱向對稱平面內發生平面彎曲。這兩個分力在梁的任意橫截面 $m\text{-}m$（圖 2-14(b)）上引起的彎矩分別為：

$$\left.\begin{array}{l} M_z = F_y \cdot x = F\cos\varphi \cdot x = M\cos\varphi \\ M_y = F_z \cdot x = F\sin\varphi \cdot x = M\sin\varphi \end{array}\right\} \qquad (2\text{-}2)$$

式中的彎矩 $M = Fx$ 是力 F 在橫截面 $m\text{-}m$ 上所引起的彎矩。由以上兩式的最後結果可知，彎矩也可以由總彎矩 M 沿兩坐標軸進行向量分解來求得。

由於已把橫截面 $m\text{-}m$ 上的彎矩分解為兩個分量，這兩個分量分別引起梁的平面彎曲，則任意一點 $K(y, z)$ 處的正應力可以按疊加原理求得。設桿件在 xOy 和 xOz 平面內發生平面彎曲時，K 點處的正應力分別為 σ'、σ''，則：

$$\left.\begin{array}{l} \sigma' = \dfrac{M_z}{I_z}y = \dfrac{F\cos}{I_z}x \cdot y = \dfrac{M\cos}{I_z}y \\[2mm] \sigma'' = \dfrac{M_y}{I_y}z = \dfrac{F\sin}{I_y}x \cdot z = \dfrac{M\sin}{I_y}z \end{array}\right\} \qquad (2\text{-}3)$$

取式（2-3）兩式的代數和，即得在 F_y 和 F_z 共同作用下，K 點的正應力為：

$$\sigma = \sigma' + \sigma'' = M\left(\frac{\cos}{I_z}y + \frac{\sin}{I_y}z\right) \qquad (2\text{-}4)$$

式中的 I_z、I_y 分別為橫截面對 z 軸和 y 軸的慣性矩，z、y 分別為所求應力點到 y 軸和 z 軸的距離。

對於所研究的懸臂梁（如圖 2-14），其危險截面在固定端，因為該處彎矩 M_y 和 M_z 的絕對值最大。至於危險截面上危險點的確定，對於工

程中常用的矩形、工字形截面，其橫截面都有兩個對稱軸且具有棱角，危險點容易確定。通過觀察梁（如圖 2-14）的變形情況可知，在 D_1 點處，疊加後的正應力為最大拉應力，在 D_2 點處，疊加後的正應力為最大壓應力，它們的數值相等，可以寫成下式：

$$\sigma_{\max} = \frac{M_{z\,\max}}{I_z} y_{\max} + \frac{M_{y\,\max}}{I_y} z_{\max} \tag{2-5}$$

若材料的容許拉應力與容許壓應力相等，其強度條件可寫成：

$$\sigma_{\max} = \frac{M_{z\,\max}}{W_z} + \frac{M_{y\,\max}}{W_y} \leq [\sigma] \tag{2-6}$$

$$W_z = \frac{I_z}{y_{\max}} \qquad W_y = \frac{I_y}{z_{\max}} \tag{2-7}$$

對於不易確定危險點的截面，例如邊界呈弧線且沒有棱角的截面，則需研究截面上正應力的變化規律。由式（2-4）可知，正應力 σ 是點的座標 y、z 這兩個變數的線性函數，它的分布規律是一個平面。在該平面與橫截

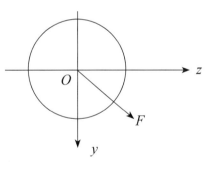

面相交的直線上，各點處的正應力為零，所以該直線即為中性軸，則離中性軸最遠的點，正應力為最大。因此為了計算橫截面上的最大正應力，首先要定出中性軸的位置。設中性軸上任一點的座標為 (y_0, z_0)，由於中性軸上各點處的正應力都等於零，則由式（2-4）可得：

$$M\left(\frac{\cos\varphi}{I_z} y_0 + \frac{\sin\varphi}{I_y} z_0\right) = 0$$

由於 M 不等於零，得：$\dfrac{\cos\varphi}{I_z} y_0 + \dfrac{\sin\varphi}{I_y} z_0 = 0$ $\tag{2-8}$

上式即為中性軸方程，它是一條
通過橫截面形心的直線，設它與 z 軸
間的夾角為 α，則：

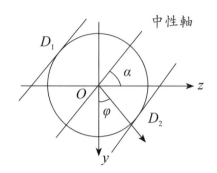

$$\tan\alpha = \frac{y_0}{z_0} = -\frac{I_z}{I_y}\tan\varphi \qquad (2\text{-}9)$$

由式（2-9）可知，當 F 通過第 I、III 象限時，中性軸通過第 II、IV
象限。一般情況下，$I_y \neq I_z$，所以中性軸與 F 作用線並不垂直，這是斜彎
曲的特點。當 $I_y = I_z$ 時，即截面的兩個形心主慣性矩相等，如圓形、正方
形以及一般正多邊形截面梁，中性軸與 F 作用線垂直，此時，無論 F 力
的 φ 角等於多少，梁所發生的彎曲總是平面彎曲，而不會發生斜彎曲。

中性軸把截面劃分為受拉和受壓區域。確定了中性軸的位置後，就很
容易確定正應力最大的點。在橫截面的周邊上，作兩條與中性軸平行的切
線，則兩切點 D_1、D_2 就是橫截面上離中性軸最遠的點，也就是正應力最
大的點。將這兩點的 y、z 座標代入式（2-4），就可分別得到橫截面上的
最大拉應力、最大壓應力。求出該應力值後，就可以根據材料的許用拉壓
應力建立強度條件，進行強度計算。

梁在斜彎曲時的撓度也可按疊加原理計算。懸臂梁計算自由端的撓度
時，同計算應力一樣，首先將作用在梁自由端的外力 F 分解為兩個分力
F_y 和 F_z，然後按平面彎曲的撓度計算公式分別計算這兩個分力在自由端
所引起的兩方向的撓度 f_y 和 f_z，即：

$$\left.\begin{array}{l} f_y = \dfrac{F_y l^3}{3EI_z} = \dfrac{F\cos\varphi \cdot l^3}{3EI_z} \\[3mm] f_z = \dfrac{F_z l^3}{3EI_y} = \dfrac{F\sin\varphi \cdot l^3}{3EI_y} \end{array}\right\} \qquad (2\text{-}10)$$

求出其向量和，即爲總撓度 f，則總撓度 f 的大小爲：

$$f = \sqrt{f_y^2 + f_z^2} \qquad (2\text{-}11)$$

總撓度 f 與 y 軸的夾角 β，可由下式求得：

$$\tan\beta = \frac{f_z}{f_y} = \frac{F\sin\varphi \cdot l^3}{3EI_y} \cdot \frac{3EI_z}{F\cos\varphi \cdot l^3} = \frac{I_z}{I_y}\tan\varphi \qquad (2\text{-}12)$$

由此式可知，一般情況下總撓度 f 的方向與 F 方向不相同，即荷載平面與撓曲線平面不相重合，這正是斜彎曲的特點。在 $I_y = I_z$ 這一特殊情況下，$\beta = \varphi$，即荷載平面與撓曲線平面重合，而這就是平面彎曲了。

　　以上的討論都是以懸臂梁爲依據的，但其原理同樣適用於其他支承形式的梁和荷載情況。

例題 1

　　如圖所示一簡支梁，用 $320 \times 130 \times 9.5$ 工字鋼製成。在梁跨中有一集中力 F 作用，已知 $l = 5\text{m}$，$F = 20\text{kN}$，$E = 200\text{GPa}$，力 F 的作用線與橫截面鉛垂對稱軸間的夾角爲 $\varphi = 20°$，且通過橫截面的彎曲中心。鋼的許用應力爲 $[\sigma] = 170\text{MPa}$。試問：

(1) 按正應力強度條件校核此梁的強度；

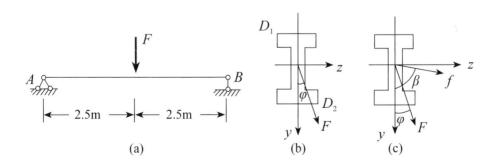

(2) 求最大撓度及其方向。

解：

(1) 強度校核

荷載 F 在 y 軸和 z 軸上的分量爲：

$$F_y = F \cdot \cos\varphi = 18.79\text{kN} \quad F_z = F \cdot \sin\varphi = 6.84\text{kN}$$

該梁跨中截面爲危險截面，其彎矩值爲：

$$M_{z\,\text{max}} = \frac{1}{4}F_y l = \frac{1}{4} \times 18.79 \times 5 = 23.49\text{kN} \cdot \text{m}$$

$$M_{y\,\text{max}} = \frac{1}{4}F_z l = \frac{1}{4} \times 6.84 \times 5 = 8.55\text{kN} \cdot \text{m}$$

根據梁的變形情況可知，最大應力發生在 D_1、D_2 兩點（圖 (b)），其中 D_1 爲最大壓應力點，D_2 爲最大拉應力點，其絕對值相等，即：

$$\sigma_{\text{max}} = \frac{M_{z\,\text{max}}}{W_z} + \frac{M_{y\,\text{max}}}{W_y}$$

由型鋼表查得：

$$W_z = 692\text{cm}^3 = 692 \times 10^{-6}\text{m}^3 \text{，} W_y = 70.8\text{cm}^3 = 70.8 \times 10^{-6}\text{m}^3$$

代入上式，得危險點處的正應力爲：

$$\sigma_{\text{max}} = \frac{23.49 \times 10^3}{692 \times 10^{-6}} + \frac{8.55 \times 10^3}{70.8 \times 10^{-6}} = 154.7 \times 10^6\text{Pa} = 154.7\text{MPa} < [\sigma]$$

可見，此梁滿足正應力的強度條件。

(2) 計算最大撓度和方向梁沿 y 軸和 z 軸方向的撓度分量爲：

$$f_y = \frac{F_y l^3}{48EI_z} = \frac{F\cos\varphi \cdot l^3}{48EI_z} \qquad f_z = \frac{F_z l^3}{48EI_y} = \frac{F\sin\varphi \cdot l^3}{48EI_y}$$

總撓度 f 爲：

$$f = \sqrt{f_y^2 + f_z^2} = \frac{Fl^3}{48E}\sqrt{\frac{\cos^2\varphi}{I_z^2} + \frac{\sin^2\varphi}{I_y^2}}$$

由型鋼表查得：

$I_z = 11100\text{cm}^4$，$I_y = 460\text{cm}^4$

代入上式，得：

$$f = \frac{25 \times 10^3 \times 5^3}{48 \times 2 \times 10^5 \times 10^6} \sqrt{\frac{\sin^2 20°}{(460 \times 10^{-8})^2} + \frac{\cos^2 20°}{(11100 \times 10^{-8})^2}} = 0.024\text{m} = 24\text{mm}$$

設總撓度 f 與 y 軸的夾角為 β，則：

$$\tan\beta = \frac{I_z}{I_y} = \tan\varphi = \frac{11100}{460}\tan 20° = 8.7828$$

$$\beta = 83.5°$$

在此例題中，若 F 作用線與 y 軸重合，即 $\varphi = 0$，則最大正應力為：

$$\sigma_{max}^0 = \frac{Fl}{4W_z} = \frac{20 \times 10^3 \times 5}{4 \times 692 \times 10^{-6}} = 36 \times 10^6 \text{Pa} = 36\text{MPa}$$

最大撓度為：

$$f_{max}^0 = \frac{Fl^3}{48EI_z} = \frac{20 \times 10^3 \times 5^3}{48 \times 2 \times 10^5 \times 10^6 \times 11100 \times 10^{-8}} = 2.93 \times 10^{-3}\text{m}$$

$$= 2.93\text{mm}$$

將這些結果與斜彎曲的結果比較，得：

$$\frac{\sigma_{max}}{\sigma_{max}^0} = \frac{154.7}{36} \approx 4.3$$

$$\frac{f_{max}}{f_{max}^0} = \frac{24}{2.93} \approx 8$$

2.7　拉伸（壓縮）與彎曲

如果作用在桿件上的外力除了橫向力，還有軸向力，這時桿件將發生

彎曲與軸向拉伸（壓縮）的組合變形。

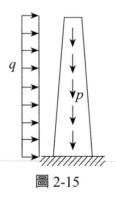

圖 2-15

例如煙囪（圖 2-15），一方面承受風荷載作用，引起截面的彎曲，另一方面承受自重作用，引起軸向壓縮，所以是軸向壓縮與彎曲的組合作用。

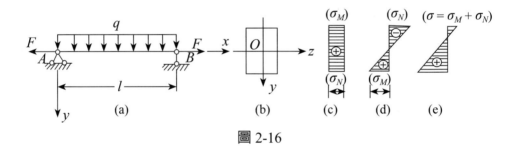

圖 2-16

現以（圖 2-16(a)）所示的梁為例，說明彎曲與軸向拉伸（壓縮）組合時的正應力的計算。該梁為一矩形截面梁（圖 2-16(b)），承受橫向力 q 和軸向力 F 的作用。

在軸向力 F 作用下，梁將發生軸向拉伸，各橫截面上的軸力均為 $F_N = F$，正應力均勻分布（圖 2-16(c)），其值為：

$$\sigma_N = \frac{F_N}{A}$$

在橫向力 q 作用下，梁發生平面彎曲，橫截面上的正應力沿高度按直線規律分布（圖 2-16(d)），任一點處的正應力為：

$$\sigma_M = \frac{M}{I_z} y$$

在軸向拉力和橫向力共同作用下，橫截面任一點處的正應力，可按下式計算：

$$\sigma = \sigma_N + \sigma_M = \frac{F_N}{A} + \frac{M}{I_z} y \qquad (2\text{-}13)$$

對於圖所示的簡支梁，危險截面在跨中，最大正應力發生在截面下邊緣處，按下式計算：

$$\sigma_{\max} = \frac{M_{\max}}{W_z} + \frac{F_N}{A}$$

則正應力強度條件可寫成：

$$\sigma_{\max} = \frac{M_{\max}}{W_z} + \frac{F_N}{A} \le [\sigma] \qquad (2\text{-}14)$$

以上討論是以圖所示的簡支梁為例的，但其原理同樣適用於非矩形截面及其他形式拉伸（壓縮）與彎曲組合的桿件。

例題 1 ✐

如圖所示一矩形截面簡支梁，受均布荷載 q 和軸向拉力 F 作用，已知：$q = 5\text{kN/m}$，$F = 30\text{kN}$，$l = 4\text{m}$，$b = 150\text{mm}$，$h = 200\text{mm}$，試求梁截面上的最大拉應力和最大壓應力。

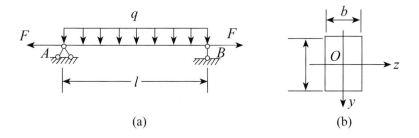

(a)　　　　　　　　(b)

解：

最大彎矩發生在梁跨中間，其值爲：

$$M_{\max} = \frac{1}{8}ql^2 = \frac{1}{8} \times 5 \times 4^2 = 10 \text{kN} \cdot \text{m}$$

由彎矩引起的最大正應力，發生在跨中截面的下邊緣處和上邊緣處，其值爲：

$$\sigma_{M,\max} = \frac{M_{\max}}{W_z} = \frac{10 \times 10^3}{\frac{1}{6} \times 0.15 \times 0.2^2} = 10 \times 10^6 \text{Pa} = 10 \text{MPa}$$

由最大壓應力發生在梁上邊緣，其值爲：

$$\sigma_{c,\max} = \frac{F_N}{A} - \frac{M_{\max}}{W_z} = -9 \text{MPa}$$

最大拉應力發生在梁下邊緣，其值爲：

$$\sigma_{t,\max} = \frac{F_N}{A} + \frac{M_{\max}}{W_z} = 11 \text{MPa}$$

2.8　拉伸（壓縮）與彎曲

一、偏心拉伸（壓縮）

當桿件所受的外力，其作用線與桿件的軸線平行而不重合時，引起的變形稱爲**偏心拉伸（壓縮）**。

現以圖 2-17 所示矩形截面直桿爲例說明偏心拉伸桿件的強度計算問題。拉力 F 作用在 A 點，作用點 A 到 z 軸、y 軸的距離分別爲 y_F 和 z_F。

要研究任意橫截面 $ABCD$ 上的應力，可將作用在桿端的偏心拉力 F 用其等效力系來代替，即將力 F 簡化到截面的形心處，簡化後的等效力

系中包含一個軸向拉力和兩個力偶 M_y、M_z（圖 b），它們將分別使桿件發生軸向拉伸和在兩縱向對稱平面（即形心主慣性平面）內的純彎曲，其中兩個力偶矩分別為：

$$M_y = F \cdot z_F \text{，} M_z = F \cdot y_F$$

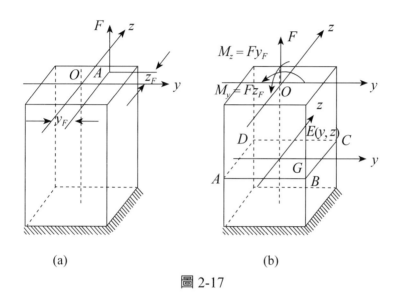

圖 2-17

它們在橫截面 *ABCD* 上任一點 $E(y, z)$ 處產生的彎曲正應力分別為：

$$\sigma' = \frac{M_y}{I_y} \cdot z = \frac{Fz_F \cdot z}{I_y} \qquad \sigma'' = \frac{M_z}{I_z} \cdot y = \frac{Fy_F \cdot y}{I_z}$$

由軸向拉力 F 引起的正應力為：

$$\sigma_N = \frac{F}{A}$$

按疊加原理，$E(y, z)$ 點處的正應力即為上述三組應力的代數和，即：

$$\sigma = \frac{F}{A} + \frac{M_y}{I_y} \cdot z + \frac{M_z}{I_z} \cdot y \tag{2-15}$$

或：

$$\sigma = \frac{F}{A} + \frac{F \cdot z_F}{I_y} \cdot z + \frac{F \cdot y_F}{I_z} \cdot y \qquad （2\text{-}16）$$

在上述兩式中，為拉力時，取正值，壓力時取負值。力偶矩 M_y、M_z 的正負號可以這樣規定：使截面上位於第一象限的各點產生拉應力時取正值，產生壓應力時取負值。還可以根據杆件的變形情況來確定。例如圖 2-17(b) 中確定 G 點的應力時，在 M_y 作用下 G 處於受壓區，則式中第二項取負值，在 M_z 作用下 G 處於受拉區，則式中第三項取正值。

在 F、M_y、M_z 各自單獨作用下，橫截面上應力的分布情況如圖 2-18(a)、2-18(b)、2-18(c) 所示。圖 2-18(d) 為三者共同作用下橫截面上的應力分布情況。

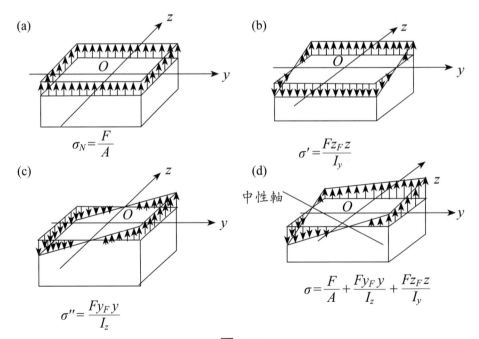

圖 2-18

下面討論偏心拉伸（壓縮）時的應力分布規律。將式（2-16）改寫爲：

$$\sigma = \frac{F}{A}\left(1 + \frac{y_F \cdot A}{I_z} \cdot y + \frac{z_F \cdot A}{I_y} \cdot z\right) \qquad （2\text{-}17）$$

引入慣性半徑 i_y、i_z：

$$i_z = \sqrt{\frac{I_z}{A}} \qquad i_y = \sqrt{\frac{I_y}{A}}$$

則：

$$\sigma = \frac{F}{A}\left(1 + \frac{y_F \cdot y}{i_z^2} + \frac{z_F \cdot z}{i_y^2}\right) \qquad （2\text{-}18）$$

上式表明了應力 σ 是一平面方程，此平面與橫截面相交的直線上的正應力爲零，該直線即爲中性軸。令 y_0、z_0 爲中性軸上任一點的座標，將它們代入式（2-18），則所得到的應力必爲零，即：

$$\frac{F}{A}\left(1 + \frac{y_F \cdot y_0}{i_z^2} + \frac{z_F \cdot z_0}{i_y^2}\right) = 0$$

由此得中性軸的方程爲：

$$1 + \frac{y_F \cdot y_0}{i_z^2} + \frac{z_F \cdot z_0}{i_y^2} = 0 \qquad （2\text{-}19）$$

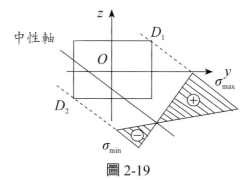

圖 2-19

由式（2-19）可知，中性軸是一條不通過橫截面形心（座標原點）的直線。設它在兩坐標軸上的截距為 a_y、a_z。上式中令 $z_0 = 0$，則相應的 y_0 即為 a_y，令 $y_0 = 0$，則相應的 z_0 即為 a_z，由此求得：

$$a_y = -\frac{i_z^2}{y_F} \qquad a_z = -\frac{i_y^2}{z_F} \qquad\qquad (2\text{-}20)$$

上式表明 a_y、a_z 分別與 y_F、z_F 符號相反，所以中性軸與外力作用點分別處於截面形心的兩側。中性軸把截面分為拉應力和壓應力兩個區域，只要把中性軸的位置確定後，就很容易確定危險點的位置。很顯然，離中性軸最遠的點 D_1 和 D_2（圖 2-19）就是危險點。這兩點處的正應力分別是橫截面上的最大拉應力和最大壓應力。把 D_1、D_2 兩點的座標分別代入式（2-17），就可求得這兩點處的正應力值，若材料的許用拉應力和許用壓應力相等，則可選取其中絕對值最大的應力作為強度計算的依據，即強度條件為：

$$\sigma_{\max} = \left| \frac{F}{A} + \frac{M_z}{I_z} y_{\max} + \frac{M_y}{I_y} z_{\max} \right| \le [\sigma] \qquad\qquad (2\text{-}21)$$

或：

$$\sigma_{\max} = \left| \frac{F}{A} \left(1 + \frac{y_F}{i_z^2} y_{\max} + \frac{z_F}{i_y^2} z_{\max} \right) \right|_{\max} \le [\sigma] \qquad\qquad (2\text{-}22)$$

若材料的容許拉應力 $[\sigma_t]$ 和容許壓應力 $[\sigma_c]$ 不相等時，則須分別對最大拉應力和最大壓應力做強度計算。

例題 1 ✒

圖示一矩形截面短柱，承受偏心壓力 F 的作用，F 的作用點位於截面的 y 軸上。短柱截面尺寸為 b、h，試求短柱的橫截面不出現拉應力時，F 的作用點至 z 軸的最大距離即最大偏心距 e。

解：

將力 F 簡化到截面形心，得到軸向壓力 F 和力偶矩 $M = Fe$。

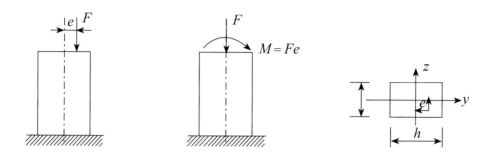

在力 F 作用下，橫截面上各點均產生壓應力，在 M 作用下，z 軸左側受拉，最大拉應力出現在截面的左邊緣處，欲使橫截面不出現拉應力，應使 F 和 M 共同作用下橫截面左邊緣處的正應力爲零，即：

$$\sigma = -\frac{F}{A} + \frac{M}{W_z} = 0 \quad 即： \quad -\frac{F}{bh} + \frac{Fe}{\frac{1}{6}bh^2} = 0$$

解得：$e = \dfrac{h}{6}$ 即最大偏心距爲：$\dfrac{h}{6}$

二、截面核心

　　對於在工程中經常使用的材料，如混凝土、磚、石等，它們的抗壓強度很高，而抗拉強度卻很低，所以主要用作承壓構件。這類構件在偏心壓力作用時，其橫截面上最好不出現拉應力，以避免開裂。這樣就必須限制壓力作用點的位置，使得相應的中性軸不通過橫截面，而是在截面的外邊，至多與截面的外邊界相切。這樣，以截面上外邊界點的切線作爲中性軸，繞截面邊界轉動一圈時，截面內相應地有無數個力的作用點。這些點的軌跡爲一條包圍形心的封閉曲線，當壓力作用點位於曲線以內或邊界上時，中性軸移到截面外面或與截面邊緣相切，即截面上只產生壓應力。封閉曲線所包圍的區域稱爲**截面核心**。

下面以圖所示的矩形截面爲例，說明如何確定截面核心。

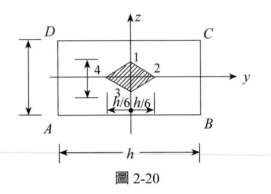

圖 2-20

矩形截面的邊長爲 b、h，兩形心主慣性軸爲 y、z 軸，當壓力作用點位於第 I 象限時，此時若 A 點的應力爲零，則可保證截面上均產生壓應力。由式（2-16）得 A 點的應力爲：

$$\sigma = -\frac{F}{A} + \frac{F \cdot z_F}{I_y} \cdot z + \frac{F \cdot y_F}{I_z} \cdot y = 0$$

即：

$$F\left(-\frac{1}{bh} + \frac{z_F}{\dfrac{b^2 h}{12}} \cdot \frac{b}{2} + \frac{y_F}{\dfrac{bh^2}{12}} \cdot \frac{h}{2}\right) = 0$$

整理後得：

$$\frac{6z_F}{h} + \frac{6y_F}{b} = 1$$

這就是外力作用點 y_F、z_F 關係式，可見它是一條直線。當 $y_F = 0$ 時，$z_F = h/6$，當 $z_F = 0$ 時，$y_F = b/6$，從而繪出直線 12，即爲截面核心在第 I 象限的邊界線。同理當作用點位於第 II、III、IV象限時，根據角點 B、C、D 點的應力爲零的條件，可依次求出截面核心的邊界線 14、34、23（圖

2-20），最後得到一個菱形。所以，矩形截面的截面核心的邊界是一個菱形，其對角線長度爲截面邊長的三分之一。由此可知，當矩形截面桿件承受偏心壓力時，欲使截面上都是壓應力，則此壓力作用點必須在上述菱形範圍內。

第三章　受壓桿件

3.1　概念

　　細長直桿兩端受軸向壓力作用，其平衡也有穩定性的問題。設有一等截面直杆，受軸向壓力作用，桿件處於直線形狀下的平衡。為判斷平衡的穩定性，可以加一橫向干擾力，使桿件發生微小的彎曲變形，然後撤銷此橫向杆擾力。

　　當軸向壓力較小時，撤銷橫向干擾力後桿件能夠恢復到原來的直線平衡狀態，則原有的平衡狀態是穩定平衡狀態；當軸向壓力增大到一定值時，撤銷橫向干擾力後桿件不能再恢復到原來的直線平衡狀態，則原有的平衡狀態是不穩定平衡狀態。壓桿由穩定平衡過度到不穩定平衡時所受軸向壓力的臨界值稱為**臨界壓力**，或簡稱**臨界力**，用 F_{cr} 表示。

　　當 $F = F_{cr}$ 時，壓桿處於穩定平衡與不穩定平衡的臨界狀態，稱為臨界平衡狀態，這種狀態的特點是：不受橫向干擾時，壓桿可在直線位置保

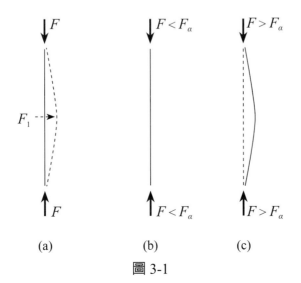

(a)　　　　　(b)　　　　　(c)

圖 3-1

持平衡；若受微小橫向干擾並將干擾撤銷後，壓桿又可在微彎位置維持平衡，因此臨界平衡狀態具有兩重性。壓桿處於不穩定平衡狀態時，稱爲**喪失穩定性**，簡稱爲**失穩**。顯然結構中的受壓桿絕不允許失穩。

3.2　兩端鉸細長壓力桿件之臨界壓力（歐拉公式）

　　以兩端鉸（Hinge）、長度爲 ℓ 的等截面細長壓桿爲例，導出其臨界力的計算公式。如圖 3-2 所示，當軸向壓力達到臨界力 F_{cr} 時，壓桿既可保持直線形態的平衡，又可保持微彎形態的平衡。假設壓桿處於微彎狀態的平衡，在臨界力 F_{cr} 作用下壓力桿件的軸線如圖 3-2(a) 所示。此時壓桿距原點爲 x 的任一截面 m-m 的撓度爲 $y = f(x)$，取隔離體如（圖 3-2(b)）所示，截面 m-m 上的軸力爲 F_{cr}，彎矩爲：

$$M(x) = F_{cr}y \qquad\qquad （3-1）$$

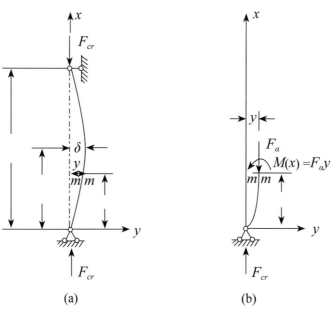

(a)　　　　　　　(b)

圖 3-2

彎矩的正負號仍按規定，F_{cr} 取正值，撓度以 y 軸正方向為正。

將彎矩方程式（3-1）代入撓曲線的近似微分方程

$$\frac{d^2y}{dx^2} = -\frac{M(x)}{EI} = -\frac{F_{cr}}{EI}y \qquad (3\text{-}2)$$

則式（3-2）可寫成

$$\frac{F_{cr}}{EI} = k^2 \qquad (3\text{-}3)$$

$$\frac{d^2y}{dx^2} + k^2y = 0 \qquad (3\text{-}4)$$

這是一個二階常係數線性微分方程，其通解為：

$$y = A\sin kx + B\cos kx \qquad (3\text{-}5)$$

式中 A 和 B 是積分常數，可由受壓桿件兩端的邊界條件確定。此桿的邊界條件為：

$$在 \, x = 0 \, 處，y = 0 \quad 在 \, x = \ell \, 處，y = 0$$

由邊界條件的第一式得：$B = 0$，於是式（3-5）成為：

$$y = A\sin kx \qquad (3\text{-}6)$$

由邊界條件的第二式得：　　　　$A\sin k\ell = 0$

　由於壓杆處於微彎狀態的平衡，因此 $A \neq 0$，所以：$\sin k\ell = 0$

由 $\therefore k^2 = \frac{n^2\pi^2}{\ell^2}$　此得：$k\ell = n\pi$（$n = 0, 1, 2, 3\cdots$）

將上式代入式（3-3），得：$F_{cr} = \frac{n^2\pi^2EI}{\ell^2}$（$n = 0, 1, 2, 3\cdots$）

　由於臨界力是使受壓桿件失穩的最小壓力，因此 n 應取不為零的最小值，即取 $n = 1$，$\therefore F_{cr} = \frac{\pi^2EI}{\ell^2}$，兩端鉸支（hinge）受壓桿臨界力 F_{cr} 的計算公式通常稱為**歐拉公式**應該注意，壓桿的彎曲在其最小的剛度平面內發

生，因此歐拉公式中的 I 應該是截面的最小形心主慣性矩。

在臨界荷載 F_{cr} 作 $k=\dfrac{\pi}{\ell}$ 用下，因此式（3-6）可寫成 $y=A\sin\dfrac{\pi x}{\ell}$

由此可以看出，在臨界荷載 F_{cr} 作用下，壓桿的撓曲線是一條半個波長的正弦曲線。在 $x=\ell/2$ 處，撓度達最大值，即：$y_{\max}=A$

因此積分常數 A 即為桿中點處的撓度，以 δ 表示，則桿的撓曲線方程為

$$y=\delta\sin\dfrac{\pi x}{\ell} \qquad （3\text{-}7）$$

此處撓曲線中點處的撓度 δ 是個無法確定的值，即無論 δ 為任何微小值，上述平衡條件都能成立，似乎壓力桿件受臨界力作用時可以處於微彎的隨遇平衡狀態。實際上這種隨遇平衡狀態是不成立的，之所以 δ 值無法確定，是因為在推導過程中使用了撓曲線的近似微分方程。如果採用撓曲線的精確微分方程進行推導，所得到的 $F\text{-}\delta$ 曲線如圖 3-3(a) 所示，當 $F\ge F_{cr}$ 時，壓力桿件在微彎平衡狀態下，壓力 F 與撓度 δ 間為一一對應的關係，所謂的 δ 不確定性並不存在；而由撓曲線近似微分方程得到的 $F\text{-}\delta$ 曲線如圖 3-3(b) 所示，當 $F=F_{cr}$ 時，壓桿在微彎狀態下呈隨遇平衡狀態。

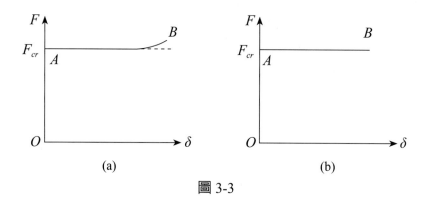

(a)　　　　　　　　　　　(b)

圖 3-3

3.3 不同支承條件下細長壓桿臨界力的歐拉公式

桿端支承爲其它形式的細長壓桿，也可以用類似的方法推導其臨界力的計算公式。這裡不一一推導，只介紹其結果。對於各種支承情況的壓桿，其臨界力的歐拉公式可寫成統一的形式：$F_{cr} = \pi^2 EI / (u\ell)^2$

式中 u 稱爲**有效長度係數**，與桿端的約束情況有關：

1. 兩端鉸支桿（hinge）值爲 1.0
2. 兩端固定（fix）u 值爲 0.5
3. 一端固定一端自由 u 值爲 2.0
4. 一端固定一端鉸鏈支 u 值爲 0.7

$u\ell$ 稱爲壓桿的**計算長度**，其物理意義可從細長壓桿失穩時撓曲線形狀的比擬來說明：由於壓失穩時撓曲線上拐點處的彎矩爲零，故可設想拐點處有一鉸，而將壓桿撓曲線上兩拐點之間的一段看作爲兩端鉸支壓桿，並利用兩端鉸支壓的歐拉公式得到原支承條件下壓的臨界力 F_{cr}。這兩拐點之間的長度即爲原壓的計算長度。

應該注意，**利用歐拉公式計算細長壓臨界力時，如果端在各個方向的約束情況相同（如球形鉸等），則 I 應取最小的形心主慣性矩；如果 e 細長比桿端在不同方向的約束情況不同（如柱形鉸等），則 I 應取撓曲時橫截面對其中性軸的慣性矩。**

一、歐拉公式的應用範圍：臨界應力總圖

將壓力桿件的臨界力 F_{cr} 除以橫截面面積 A，即得壓力桿件的**臨界應力**：

$$\sigma_{cr} = \frac{F_{cr}}{A} = \frac{\pi^2 EI}{(u\ell)^2 A} = \frac{\pi^2 E}{\left(\dfrac{u\ell}{i}\right)^2}$$

式中 $i = \sqrt{\dfrac{\ell}{A}}$ 為壓力桿件橫截面對中性軸的**迴轉半徑**。

$\lambda = \dfrac{u\ell}{i}$ 稱為壓力桿件的**細長比**或**柔度**。於是上式可寫成：$\sigma_{cr} = \dfrac{\pi^2 E}{\lambda^2}$

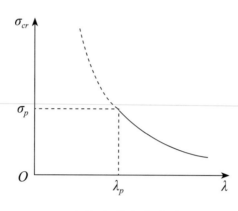

歐拉臨界應力曲線

　　臨界應力的計算公式只有材料線上彈性範圍內時，（$\sigma_{cr} \le \sigma_p$），歐拉公式才能適用。

即：$\sigma_{cr} = \dfrac{\pi^2 EI}{\lambda^2} \le \sigma_p \quad \lambda \ge \sqrt{\dfrac{\pi^2 E}{\sigma_p}} = \pi \sqrt{\dfrac{E}{\sigma_p}} = \lambda_p$

式中 λ_p 為能夠應用歐拉公式的壓力桿件界限值（$\lambda_p \ge 100$）。通常 $\lambda \ge \lambda_p$ 的壓力桿件細長比為細長壓力桿件；而對於 $\lambda < \lambda_p$ 的壓力桿件，就不能應用歐拉公式。

例題 1 ✐

下圖各桿均為圓截面細長壓力桿件（$\lambda > \lambda_p$），已知各桿所用的材料和截面均相同，各桿的長度如圖所示，問哪根桿能夠承受的壓力最大，哪根最小？

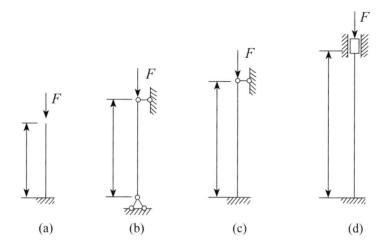

(a)   (b)   (c)   (d)

說明：

比較各桿的承載能力只需比較各桿的臨界力，因為各桿均為細長桿，

因此都可以用歐拉公式計算臨界力：$F_{cr} = \dfrac{\pi^2 EI}{(u\ell)^2}$

桿 a：$u\ell = 2 \times a = 2a$

桿 b：$u\ell = 1 \times 1.3a = 1.3a$

桿 c：$u\ell = 0.7 \times 1.6a = 1.12a$

桿 d：$u\ell = 0.5 \times 2a = a$

∴桿 d 能夠承受的壓力最大，桿 a 能夠承受的壓力最小。

例題 2 ✒

圖示壓力桿件用 30×30×4 等邊角鋼製成，已知桿長 $\ell = 0.5$m，材料為

A36 鋼，試求該壓力桿件的臨界力。

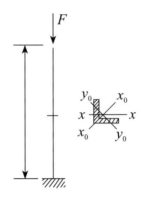

說明：

　　首先計算桿件的細長比，要注意截面的最小慣性半徑應取對 y_0 軸的慣性半徑，即 $i_{y0} = 0.58\text{cm}$，由此可以算出其細長比

$$\lambda = \frac{u\ell}{i} = \frac{2 \times 0.5}{0.58 \times 10^{-2}} = 172$$

可見該桿屬於大細長比，可以使用歐拉公式計算其臨界力，仍要注意截面的最小慣性矩應取對 y_0 軸的慣性矩，即 $I_{y0} = 0.77\text{cm}^4$，由此可以算出該桿件的臨界壓力：

$$F_{cr} = \frac{\pi^2 EI}{(u\ell)^2} = \frac{\pi^2 \times 206 \times 10^9 \times 0.77 \times 10^{-8}}{(2 \times 0.5)^2} = 15.7 \times 10^3 \text{N} = 15.7\text{kN}$$

例題 3 ✒——————————————————————————

　　圖示一矩形截面的細長受壓桿，其兩端用柱形鉸與其他構件相連接。

材質為 A36 鋼，$E = 210\text{GPa}$

1. 若 $\ell = 2.3\text{m}$，$b = 40\text{mm}$，$h = 60\text{mm}$，試求其臨界桿壓力；

2. 試確定截面尺寸 b 和 h 的合理關係。

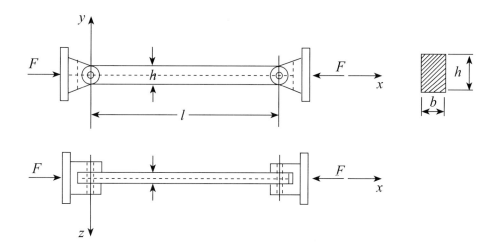

說明：

若壓桿在 xy 平面內失穩

(1) 若壓桿約束條件為兩端鉸支，長度係數 $\mu_1 = 1$，

$$\text{慣性半徑 } i_s = \sqrt{\frac{I_z}{A}} = \sqrt{\frac{bh^3/12}{bh}} = \frac{h}{\sqrt{12}} = \frac{60}{\sqrt{12}} = 17.3\text{mm}$$

$$\lambda_1 = \frac{u_1\ell}{i_z} = \frac{1 \times 2.3}{17.3 \times 10^{-3}} = 133$$

(2) 若壓桿約束條件為兩端固定，長度係數 $\mu_2 = 0.5$，

$$\text{慣性半徑 } i_y = \sqrt{\frac{I_y}{A}} = \sqrt{\frac{hb^3/12}{bh}} = \frac{b}{\sqrt{12}} = \frac{40}{\sqrt{12}} = 11.5\text{mm}$$

$$\lambda_2 = \frac{u_2\ell}{i_y} = \frac{0.5 \times 2.3}{11.5 \times 10^{-3}} = 100$$

(3) 由於 $\lambda_1 > \lambda_2$，因此該桿失穩時將在 xy 平面內彎曲。該桿屬於細長桿，可用歐拉公式計算其臨界力：

$$F_{cr} = \frac{\pi^2 E I_z}{(u_1\ell)^2} = \frac{\pi^2 E b h^3/12}{(u_1\ell)^2} = \frac{\pi^2 \times 210 \times 10^9 \times 0.04 \times 0.06^3/12}{(1 \times 2.3)^2}$$

$$= 282 \times 10^3 \text{N} = 282\text{kN}$$

(4) 若壓桿在 xy 平面內失穩，其臨界力為 $F'_{cr} = \dfrac{\pi^2 EI_z}{\ell^2} = \dfrac{\pi^2 Ebh^3}{12\ell^2}$

(5) 若壓桿在 xz 平面內失穩，其臨界力為 $F''_{cr} = \dfrac{\pi^2 EI_y}{(0.5\ell)^2} = \dfrac{\pi^2 Ehb^3}{3\ell^2}$

截面的合理尺寸應使壓桿在 xy 和 xz 兩個平面內具有相同的穩定性，即：$F'_{cr} = F''_{cr}$

$$\frac{\pi^2 Ebh^3}{12\ell^2} = \frac{\pi^2 Ehb^3}{3\ell^2}$$

(6) 由此可得 $h = 2b$

3.4　中、小細長比桿的臨界應力

如果壓力桿件的 $\lambda < \lambda_p$，則臨界應力 σ_{cr} 就大於材料的比例極限 σ_p，這時歐拉公式已不適用。對於這類壓力桿件通常採用以試驗結果爲依據的經驗公式。常用的經驗公式有直線公式和拋物線公式兩種。

1. 直線公式：$\sigma = a - b\lambda$

式中的 a 和 b 是與材料力學性能有關的常數。

顯然臨界應力不能大於極限應力（塑性材料爲屈服極限，脆性材料爲強度極限）因此直線型經驗公式也有其適用範圍。應用直線公式：$\sigma = a - b\lambda$ 時，細長比 λ 應有一個最低界限：$\lambda_s = \dfrac{a - \sigma_s}{b}$

對於塑性材料 $\lambda_s \le \lambda < \lambda_p$ 的壓桿可使用直線型經驗公式計算其臨界應力，這樣的壓桿稱爲**中柔度桿**或**中長壓杆**，一些常用材料的 λ_s 值可在表 15-2 中查到。對於脆性材料可用 σ_b 代替 σ_s 而得到 λ_b。

$\lambda < \lambda_s$ 的壓桿稱爲**小柔度桿**或**短粗桿**，對於小柔度桿不會因失穩而破壞，只會因壓應力達到極限應力而破壞，屬於強度破壞，因此小柔度桿的臨界應力即爲極限應力。

2. 拋物線公式式中的 a 是與材料力學性能有關的常數。

在鋼結構設計中，對 σ_s 以為極限應力的材料製成的中長桿提出了如下的拋物線型經驗公式：

$$\sigma_{cr} = \sigma_s \left[1 - \alpha \left(\frac{\lambda}{\lambda_c} \right)^2 \right] \qquad (\lambda < \lambda_c)$$

上式的適用範圍是 $\lambda < \lambda_c$，對於碳鋼和錳鋼，式中的係數為 0.43，$\lambda_c = \pi \sqrt{\dfrac{E}{0.57\sigma_s}}$，$\lambda_c$ 值取決於材料的力學性能。例如對於碳鋼，$\lambda_c = 123$。

3.5　壓力桿件的臨界應力總圖

由上述討論可知，壓桿的臨界應力 σ_{cr} 的計算與柔度 λ 有關，在不同的 λ 範圍內計算方法也不相同。壓桿的臨界應力 σ_{cr} 與柔度 λ 之間的關係曲線稱為壓桿的**臨界應力總圖**。

圖 3-4 是直線型經驗公式的臨界應力總圖。

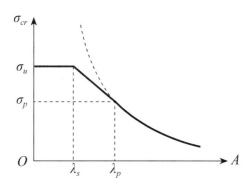

圖 3-4　直線型經驗公式的臨界應力總圖

$\lambda \geq \lambda_p$ 的壓桿為細長桿或大柔度桿，其臨界應力 $\sigma_{cr} \leq \sigma_p$，可用歐拉公式計算；

$\lambda_s \leq \lambda < \lambda_p$ 的壓桿為中長杆或中柔度桿，其臨界應力 $\sigma_{cr} > \sigma_p$，可用經

驗公式計算；

$\lambda < \lambda_s$ 的壓桿爲短粗桿或小柔度桿，其臨界應力 $\sigma_{cr} = \sigma_u$，應按強度問題處理。

圖 3-4 是拋物線型經驗公式的臨界應力總圖。在工程實際中，並不一定用 σ_p 來分界，而是用 $\sigma_c = 0.57\sigma_s$ 來分界，即：

當 $\lambda \geq \lambda_c$ 時，壓桿的臨界應力 $\sigma_{cr} \leq \sigma_c$，可用歐拉公式計算；

當 $\lambda < \lambda_c$ 時，壓桿的臨界應力按經驗公式計算。

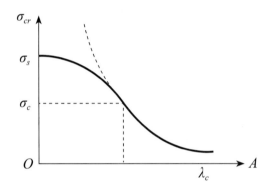

一、受壓的穩定許用應力折減係數

與壓桿的強度計算相似，在對受壓進行穩定計算時，不能使受壓的實際工作應力達到臨界應力 σ_{cr}，需要確定一個適當低於臨界應力的**穩定許用應力** $[\sigma_{cr}]$。

$$[\sigma_{cr}] = \frac{\sigma_{cr}}{n_{st}}$$

式中 n_{st} 爲穩定安全係數，其值隨壓杆的柔度 λ 而變化，一般來說 n_{st} 隨著柔度 λ 的增大而增大。工程實際中的壓桿都不同程度地存在著某些缺陷，嚴重地影響了受壓時的穩定性，因此穩定安全係數一般規定得比強度安全係數要大些。例如對於一般鋼構件，其強度安全係數規定爲 1.4～1.7，而

穩定安全係數規定爲 1.5～2.2，甚至更大。爲了計算方便，將穩定許用應力 $[\sigma_{cr}]$ 與強度許用應力 $[\sigma]$ 之比用來表示，即：

$$\varphi = \frac{[\sigma_{cr}]}{[\sigma]}$$

式中 φ 稱爲**折減係數**或**穩定係數**，因 σ_{cr} 和 n_{st} 均隨壓杆 φ 的柔度而變化，因此是 λ 的函數，即 $\varphi = \varphi(\lambda)$ 其值在 0～1 之間。

二、壓杆的穩定條件

壓杆的穩定條件是使壓杆的實際工作壓應力不能超過穩定許用應力 $[\sigma_{cr}]$，即：

$$\frac{F}{A} \leq [\sigma_{cr}]$$

引用折減係數 φ，壓杆的穩定條件可寫爲 $\dfrac{F}{A} \leq \varphi [\sigma]$

與強度計算類似，穩定性計算主要解決三方面的問題：

1. 穩定性校核
2. 選擇截面
3. 確定容許荷載

需要說明，截面的局部削弱對整個桿件的穩定性影響不大，因此在穩定計算中橫截面面積一般按毛面積進行穩定計算，但需要對該處進行強度校核。再者，因爲壓杆的折減係數 φ（或柔度 λ）受截面形狀和尺寸的影響，因此在壓杆的截面設計過程中，不能通過穩定條件求得兩個未知量，通常採用試演算法，如後面的例題所示。

例題 1 ✐————————————————————————

圖示結構由兩根材料和直徑均相同的圓桿組成，桿的材料爲 A36 鋼，已知 $h = 0.4$m，直徑 $d = 20$mm，材料的強度許用應力 $[\sigma] = 170$MPa，

荷載 $F = 15\text{kN}$，試校核兩杆的穩定性。

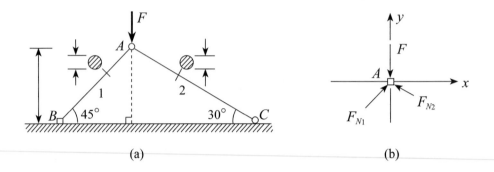

(a)　　　　　　　　　　　(b)

解：

為校核兩桿的穩定性，首先需要計算每根桿所承受的壓力，為此考慮結點 A 的平衡，其平衡方程為：

$$\Sigma F_x = 0 \text{，} F_{N1}\cos45° - F_{N2}\cos30°$$

$$\Sigma F_y = 0 \text{，} F_{N1}\sin45° + F_{N2}\sin30° - F = 0$$

由此解得兩桿所受的壓力分別為

$$F_{N1} = 0.896F = 13.44\text{kN}$$

$$F_{N2} = 0.732F = 10.98\text{kN}$$

兩桿的長度分別為

$$\ell_1 = h/\sin45° = 0.566\text{m}$$

$$\ell_2 = h/\sin30° = 0.8\text{m}$$

兩桿的柔度分別為

$$\lambda_1 = \frac{\mu\ell_1}{i} = \frac{\mu\ell_1}{d/4} = \frac{1 \times 0.566}{0.02/4} = 113$$

$$\lambda_2 = \frac{\mu\ell_2}{i} = \frac{\mu\ell_2}{d/4} = \frac{1 \times 0.8}{0.02/4} = 160$$

查表得兩的折減係數分別爲：

$$\varphi_1 = 0.536 + (0.460 - 0.536) \times \frac{3}{10} = 0.515$$

$$\varphi_2 = 0.272$$

對兩桿分別進行穩定性校核：

$$\frac{F_{N1}}{\varphi_1 A} = \frac{13.44 \times 10^3}{0.515 \times \pi \times 0.02^2/4} = 83 \times 10^6 \text{Pa} = 83 \text{MPa} < [\sigma]$$

$$\frac{F_{N2}}{\varphi_2 A} = \frac{10.98 \times 10^3}{0.272 \times \pi \times 0.02^2/4} = 128 \times 10^6 \text{Pa} = 128 \text{MPa} < [\sigma]$$

兩桿均滿足穩定條件。

例題 2 ✒

圖示托架中的 *AB* 桿爲 16 號工字鋼（160×88×6），*CD* 桿爲兩根 50×50×6 等邊角鋼組成。已知 $\ell = 2$m，$h = 1.5$m 材料爲 A36 鋼，其許用應力 $[\sigma] = 160$MPa，試求該托架的許荷載 $[F]$。

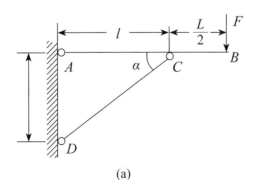

(a)

解：

首先考慮 *AB* 杆的平衡

$$\Sigma M_A = 0，F_{CD} \times \ell\sin\alpha - F \times \frac{3}{2}\ell = 0$$

$$\sin\alpha = \frac{3}{5}，\cos\alpha = \frac{4}{5}，F_{CD} = \frac{5}{2}F$$

(1) 由 *CD* 桿的穩定性確定許用荷載

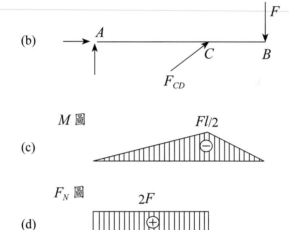

$$\lambda_{CD} = \frac{\mu\ell_{CD}}{i_{min}} = \frac{1 \times 2.5}{1.52 \times 10^{-2}} = 164$$

$$\varphi_{CD} = 0.272 + (0.243 - 0.272) \times \frac{4}{10} = 0.260$$

$$F_{CD} \leq \varphi_{CD}A_{CD}[\sigma]$$

$$= 0.260 \times 2 \times 5.688 \times 10^{-4} \times 160 \times 10^6$$

$$= 47.3 \times 10^3 \text{N}$$

$$= 47.3 \text{kN}$$

由此可得

$$F = \frac{2}{5}F_{CD} \leq 18.9 \text{kN}$$

(2) 由 *AB* 桿的強度確定許用荷載

　　AB 桿爲拉彎組合受力狀態，其彎矩圖和軸力圖分別如圖 *c* 和圖 *d* 所示，可見截面 $C_{左}$ 爲危險截面，由此可以建立強度條件：

$$\sigma_{max} = \frac{F_{NAC}}{A_{AB}} + \frac{M_C}{W} \leq [\sigma]$$

$$F_{NAC} = F_{CD}\cos\alpha = 2F , \ M_C = \frac{1}{2}F\ell$$

$$\frac{2F}{A_{AB}} + \frac{F\ell/2}{W} \leq [\sigma]$$

$$F \leq \frac{[\sigma]}{\dfrac{2}{A_{AB}} + \dfrac{\ell}{2W}} = \frac{160 \times 10^6}{\dfrac{2}{26.1 \times 10^{-4}} + \dfrac{2}{2 \times 141 \times 10^{-6}}}$$

三、單一受壓構材

1. 承受軸方向中心載重之單一受壓構材，其斷面依下式計算

$$N/A_g \leqq f_k$$

式中　　N：設計用軸壓力（kgf）；

　　　　A_g：全斷面積（cm²）；

　　　　f_k：容許挫屈應力（kgf/cm²）。

(1) 容許挫屈應力 f_k

　　容許挫屈應力 f_k 值依下式計算

$$f_k = \eta f_c$$

式中　　η：挫屈折減係數；

　　　　f_c：容許壓應力（kgf/cm²）。

挫屈折減係數 η 與構材細長比 λ 有關，依下式計算：

$$\lambda \leqq 30 \quad \eta = 1$$

$$30 < \lambda \leqq 100 \quad \eta = 1.3 - 0.01\lambda \quad 100 < \lambda \quad \eta = 3000/\lambda^2$$

(2) λ 在 100 以上，由實驗求得彈性模數時，短期容許挫屈應力 Sf_k 依下式求之：

$$Sf_k = \pi^2 E/\lambda^2$$

式中　E：設計用彈性模數（kgf/cm²）；

　　　　對於各個材料進行試驗時 $E = 2/3\ E_0$，

　　　　抽樣試驗時 $E = 1/2\ E_0$，E_0 爲實驗求出之彈性模數。

(3) 細長比

受壓構材之細長比 λ 依下式計算，但 λ 在 150 以下。

$$\lambda = \ell_k / i$$

$$i = \sqrt{(I/A)} = h/3.46（矩形斷面構材），i = D/4.0（圓形斷面構材）$$

λ：受壓構材之細長比；

l_k：(4) 項所示之挫屈長度（cm）；

i：挫屈方向之斷面迴轉半徑（cm）；

I：挫屈方向對總斷面積之斷面慣性矩（cm⁴）；

A：總斷面積（cm²）；

h：矩形斷面在挫屈方向之厚度（深）（cm）；

D：圓形斷面之直徑（cm）。

(4) 挫屈長度

受壓構材之挫屈長度 ℓ_k，依構材長度及材端狀況而定。

① 構材兩端不會移動，且材端可視爲鉸支承時，其挫屈長度 ℓ_k 與構材長度相等。

② 構材材端會移動，或構材變形受束制，或材端迴轉受束制

時，視其狀況將挫屈長度予以增加或減小。

③ 一般情形可依下列方式計算：

A. 柱構材取主要構架間之中心距離。

B. 桁架構材構面內之挫屈取節點間之距離，構面外之挫屈，取不會發生側移之支承間（如斜撐、桁條、斜角撐等）距離。

C. 斜角撐、斜撐、支柱等，取其構材長。

D. 構材之兩端分別承受大小不同軸向壓力 N_1 及 N_2（$N_1 > N_2$）時，挫屈長度依 $\ell_k = \ell\left(0.75 + 0.25\dfrac{N_2}{N_1}\right)$ 計算。

第四章　應力狀態和強度理論

4.1　說明

對於軸向拉壓和平面彎曲中的正應力，將其與材料在軸向拉伸（壓縮）時的容許應力相比較來建立強度條件。同樣，對於圓杆扭轉和平面彎曲中的切應力，由於杆件危險點處橫截面上切應力的最大值，且處於純剪切應力狀態，故可將其與材料在純剪切下的許用應力相比較來建立強度條件。構件的強度條件爲：

$$\sigma_{\max} \leq [\sigma] \quad 或 \quad \tau_{\max} \leq [\tau]$$

式中，工作應力 $\sigma_{\max}$ 或 $\tau_{\max}$ 由相關的應力公式計算；材料的容許應力 $[\sigma]$ 或 $[\tau]$，應用直接試驗的方法（如拉伸試驗或扭轉試驗），測得材料相應的極限應力並除以安全因數來求得。但是，在一般情況下，受力構件內的一點處既有正應力，又有切應力，這時，一方面要研究通過該點各不同方位截面上應力的變化規律，從而確定該點處的最大正應力和最大切應力及其所在截面的方位。受力構件內一點處所有方位截面上應力的集合，稱爲**一點處的應力狀態**。另一方面，由於該點處的應力狀態較爲複雜，而應力的組合形式又有無限多的可能性，因此，就不可能用直接試驗的方法來確定每一種應力組合情況下材料的極限應力。於是，就需探求材料破壞（斷裂或屈服）的規律。如果能確定引起材料破壞的決定因素，那就可以通過較軸向拉伸的試驗結果，來確定各種應力狀態下破壞因素的極限值，從而建立相應的強度條件，即**強度理論**。

研究一點的應力狀態時，往往圍繞該點取一個無限小的正六面

體——單元體來研究。作用在單元體各面上的應力可認為是均勻分布的。

如果單元體一對截面上沒有應力，即不等於零的應力分量均處於同一座標平面內，則稱之為**平面應力狀態**（圖 4-1(a)）；所有面上均有應力者，稱為**空間應力狀態**（圖 4-1(b)）。根據彈性力學的研究，任何應力狀態，總可找到三對互相垂直的面，在這些面上切應力等於零，而只有正應力（圖 4-2(a)）。這樣的面稱為**應力主平面（簡稱主平面）**，主平面上的正應力稱為**主應力**。一般以 σ_1、σ_2、σ_3 表示（按代數值 $\sigma_1 \geq \sigma_2 \geq \sigma_3$）。如果三個主應力都不等於零，稱為**三向應力狀態**（圖 4-2(a)）；如果只有一個主應力等於零，稱為**雙向應力狀態**（圖 4-2(b)）；如果有兩個主應力等於零稱為**單向應力狀態**（圖 4-2(c)）。單向應力狀態也稱為**簡單應力狀態**，其它的稱為**複雜應力狀態**。

本章主要研究平面應力狀態，並討論關於材料破壞規律的強度理論。從而為在各種應力狀態下的強度計算提供必要的基礎。

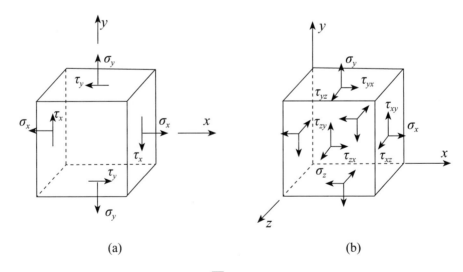

(a)　　　　　　　　　　　(b)

圖 4-1

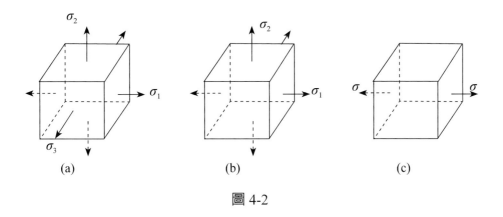

圖 4-2

4.2　平面應力狀態的應力分析──解析法

一、斜截面應力

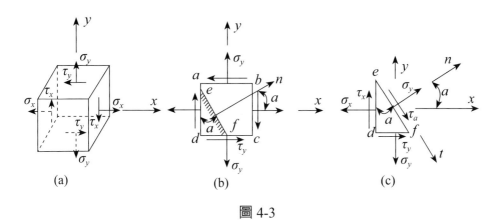

圖 4-3

　　設 *ef* 為一與單元體前後截面垂直的任一斜截面，其外法線 *n* 與 *x* 軸間的夾角（方位角）為 α（圖 4-3(b)），簡稱為 α 截面，並規定從 *x* 軸到外法線 *n* 逆時針轉向的方位角 α 為正值。α 截面上的正應力和切應力用 σ_α 和 τ_α 表示。對正應力 σ_α，規定以拉應力為正，壓應力為負；對切應力

τ_a，則以其對單元體內任一點的矩爲順時針轉向者爲正，反之爲負。

假想地沿斜截面 *ef* 將單元體截分爲二，取 *efd* 爲脱離體，如圖 4-3(c) 所示。根據

$$\begin{matrix} \Sigma F_n = 0 \\ \Sigma F_i = 0 \end{matrix} \Big\} \qquad (4\text{-}1)$$

分別有

$$\sigma_a dA - \sigma_x dA\cos\alpha\cos\alpha + \tau_x dA\cos\alpha\sin\alpha - \sigma_y dA\sin\alpha\sin\alpha + \tau_y dA\sin\alpha\cos\alpha = 0 \ (4\text{-}2)$$

$$\tau_a dA - \sigma_x dA\cos\alpha\sin\alpha - \tau_x dA\cos\alpha\cos\alpha + \sigma_y dA\sin\alpha\cos\alpha + \tau_y dA\sin\alpha\sin\alpha = 0 \ (4\text{-}3)$$

根據切應力互等定律有

$$\tau_y = \tau_x \qquad (4\text{-}4)$$

將式（4-1）分別代入式（4-2）和（4-3），經整理後有

$$\sigma_a = \sigma_x\cos^2\alpha + \sigma_y\sin^2\alpha - 2\tau_x\sin\alpha\cos\alpha \qquad (4\text{-}5)$$

$$\tau_a = (\sigma_x - \sigma_y)\sin\alpha\cos\alpha + \tau_x(\cos^2 - \sin^2\alpha) \qquad (4\text{-}6)$$

利用三角關係

$$\left.\begin{matrix} \cos^2\alpha = \dfrac{1+\cos^2\alpha}{2} \\[2mm] sin^2\alpha = \dfrac{1-\cos2\alpha}{2} \\[2mm] 2\sin\alpha\cos\alpha = \sin2\alpha \end{matrix}\right\} \qquad (4\text{-}7)$$

即可得到

$$\sigma_a = \frac{\sigma_x + \sigma_y}{2} + \frac{\sigma_x - \sigma_y}{2}\cos2\alpha - \tau_x\sin2\alpha \qquad (4\text{-}8)$$

$$\tau_a = \frac{\sigma_x - \sigma_y}{2}\sin2\alpha + \tau_x\cos2\alpha \qquad (4\text{-}9)$$

上列兩式就是平面應力狀態（圖 4-3(a)）下，任意斜截面上應力 σ_α 和 τ_α 的計算公式。

例題 1 ✎ ────────────────────────

圖 a 爲一平面應力狀態單元體，試求與 x 軸成 30° 角的斜截面上的應力。

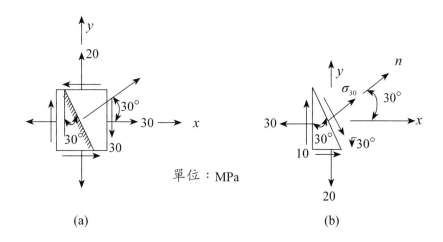

(a)　　　　　　　　　　　　(b)

解：

由圖可知

$\sigma_x = 30\text{MPa}$，$\sigma_y = 20\text{MPa}$，$\tau_x = 30\text{MPa}$

則由公式（4-8）及（4-9）可直接得到該斜截面上的應力

$\sigma_{30°} = \dfrac{30 + 20}{2} + \dfrac{30 - 20}{2} \cos(2 \times 30°) - 30\sin(2 \times 30°) = 1.52\text{MPa}$

$\tau_{30°} = \dfrac{30 - 20}{2} \sin(2 \times 30°) + 30\cos(2 \times 30°) = 19.33\text{MPa}$

4.3　主應力和主平面

將式（4-8）對 α 取導數

$$\frac{d\sigma_\alpha}{d\alpha} = -2\left(\frac{\sigma_x - \sigma_y}{2}\sin2\alpha + \tau_x\cos2\alpha\right) \tag{4-10}$$

令此導數等於零，可求得 σ_α 達到極值時的 α 值，以 α_0 表示此值

$$\frac{\sigma_x - \sigma_y}{2}\sin2\alpha_0 + \tau_x\cos2\alpha_0 = 0 \tag{4-11}$$

即：

$$\tan2\alpha_0 = \frac{-2\tau_x}{\sigma_x - \sigma_y} \tag{4-12}$$

由此式可求出 α_0 的相差 90° 的兩個根，也就是說有相互垂直的兩個面，其中一個面上作用的正應力是極大值，以 σ_{max} 表示，另一個面上的是極小值，以 σ_{min} 表示。

利用三角關係：

$$\left.\begin{aligned}\cos2\alpha_0 &= \pm\frac{1}{\sqrt{1 + \tan^2 2\alpha_0}}\\[2mm]\sin2\alpha_0 &= \pm\frac{\tan2\alpha_0}{\sqrt{1 + \tan^2 2\alpha_0}}\end{aligned}\right\} \tag{4-13}$$

將式（4-12）代入上兩式，再回代到式（4-8）經整理後即可得到求 σ_{max} 和 σ_{min} 的公式如下：

$$\left.\begin{aligned}\sigma_{max}\\\sigma_{min}\end{aligned}\right\} = \frac{\sigma_x + \sigma_y}{2} \pm \sqrt{\left(\frac{\sigma_x - \sigma_y}{2}\right)^2 + \tau_x^2} \tag{4-14}$$

式中根號前取「+」號時得 σ_{max}，取「−」號時得 σ_{min}。

若把 $\sigma_{\max}$ 和 $\sigma_{\min}$ 相加可有下面的關係：

$$\sigma_{\max} + \sigma_{\min} = \sigma_x + \sigma_y \tag{4-15}$$

即：對於同一個點所截取的不同方位的單元體，其相互垂直面上的正應力之和是一個不變數，稱之為第一彈性應力不變數，並可用此關係來校核計算結果。

用完全相似的方法，可以討論切應力 τ_α 的極值和它們所在的平面。將式（4-9）對 α 取導數，得

$$\frac{d\tau_\alpha}{d\alpha} = (\sigma_x - \sigma_y)\cos 2\alpha - 2\tau_x \sin 2\alpha \tag{4-16}$$

令導數等於零，此時 τ_α 取得極值，其所在的平面的方位角用 α_τ 表示，則

$$(\sigma_x - \sigma_y)\cos 2\alpha_\tau - 2\tau_x \sin 2\alpha_\tau = 0 \tag{4-17}$$

$$\tan 2\alpha_\tau = \frac{\sigma_x - \sigma_y}{2\tau_x} \tag{4-18}$$

由式（4-18）解出 $\sin 2\alpha_\tau$ 和 $\cos 2\alpha_\tau$。代入式（4-9）求得切應力的最大和最小值是：

$$\left.\begin{array}{c}\tau_{\max} \\ \tau_{\min}\end{array}\right\} = \pm\sqrt{\left(\frac{\sigma_x - \sigma_y}{2}\right)^2 + \tau_x^2} \tag{4-19}$$

與式（4-14）比較，可得：

$$\left.\begin{array}{c}\tau_{\max} \\ \tau_{\min}\end{array}\right\} = \pm\frac{\sigma_{\max} - \sigma_{\min}}{2} \tag{4-20}$$

再比較（4-12）和（4-18）兩式，則有：

$$\tan 2\alpha_0 = -\frac{1}{\tan 2\alpha_\tau} \tag{4-21}$$

這表明 $2\alpha_0$ 與 $2\alpha_\tau$ 相差 90°，即切應力極值所在平面與主平面的夾角為 45°，以上所述分析平面應力狀態的方法稱為**解析法**。

例題 4-2 ✒————————————————————————

圖示為某構件某一點的應力狀態，試確定該點的主應力的大小及方位。

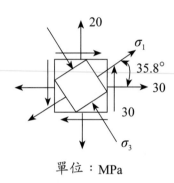

單位：MPa

解：

由圖可知：

$\sigma_x = 30\text{MPa}$，$\sigma_y = 20\text{MPa}$，$\tau_x = -30\text{MPa}$

將其代入式（4-14）

則主應力 $\left.\begin{array}{c}\sigma_{\max}\\\sigma_{\min}\end{array}\right\} = \dfrac{30+20}{2} \pm \sqrt{\left(\dfrac{30-20}{2}\right)^2 + 30^2} = \left\{\begin{array}{l}55.4\text{MPa}\\-5.4\text{MPa}\end{array}\right.$ 為：

$\sigma_1 = 55.4\text{MPa}$，$\sigma_2 = 0$，$\sigma_3 = -5.4\text{MPa}$

由式（4-12）得：

$$\tan2\alpha_0 = \frac{-2\tau_x}{\sigma_x - \sigma_y} = \frac{-(-30)}{30-20} = \frac{3}{5}$$

$$\alpha_0 = \frac{1}{2}\left\{\begin{array}{l}71.6°\\-108.43°\end{array}\right. = \left\{\begin{array}{l}35.8°\\-54.2°\end{array}\right.$$

4.4　應力圓

一、應力圓

由斜截面應力計算式（4-8）與（4-9）可知，應力 σ_α 和 τ_α 均為 2α 的函數。將二式分別改寫成如下形式：

$$\sigma_\alpha - \frac{\sigma_x + \sigma_y}{2} = \frac{\sigma_x - \sigma_y}{2}\cos2\alpha - \tau_x\sin2\alpha \qquad （4\text{-}22）$$

$$\tau_\alpha - 0 = \frac{\sigma_x - \sigma_y}{2}\sin2\alpha + \tau_x\cos2\alpha \qquad （4\text{-}23）$$

然後，將以上二式各自平方後再相加，於是得：

$$\left(\sigma_\alpha - \frac{\sigma_x + \sigma_y}{2}\right)^2 + (\tau_\alpha - 0)^2 = \left(\frac{\sigma_x - \sigma_y}{2}\right)^2 + \tau_x^2 \qquad （4\text{-}24）$$

這是一個以正應力 σ 為橫坐標、切應力 τ 為縱坐標的圓的方程，圓心在橫坐標軸上，其座標為：$\left(\dfrac{\sigma_x + \sigma_y}{2},\ 0\right)$，半徑為：$\sqrt{\left(\dfrac{\sigma_x - \sigma_y}{2}\right)^2 + \tau_x^2}$

而圓的任一點的縱、橫坐標，則分別代表單元體相應截面上的切應力與正應力，此圓稱為**應力圓**或**莫爾（O. Mohr）圓**，如圖 4-4 所示。

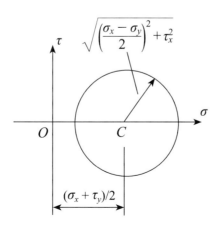

圖 4-4

二、應力圓的繪製及應用

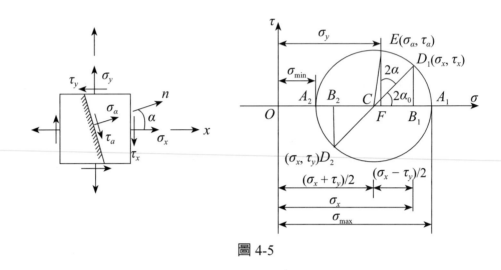

圖 4-5

　　根據圖 4-5 所示，一平面應力狀態單元體，作出相應的應力圓，在 σ-τ 坐標系的平面內，$\overline{D_1B_1} = \overline{D_2B_2}$ 按選定 $\overline{D_1D_2}$ 的比例尺，找出與 x 截面對應的點位於 $D_1(\sigma_x, \tau_x)$，與 y 截面對應的點位於 $D_2(\sigma_y, \tau_y)$，連接 D_1 和 D_2 兩點形成直線，由於 τ_x 和 τ_y 數值相等，即，因此，直線與座標鈾 σ 的交點 C 的橫坐標爲 $(\sigma_y + \tau_y)/2$，即 C 爲應力圓的圓心。

$$\left(\overline{CD_1} = \overline{CD_2} = \sqrt{\left(\frac{\sigma_x - \sigma_y}{2}\right)^2 + \tau_x^2} \right)$$

於是，以 C 爲圓心，$\overline{CD_1}$ 或 $\overline{CD_2}$ 爲半徑作圓，即得相應的應力圓。

　　應力圓確定後，如欲求 α 斜截面的應力，則只需將半徑 CD_1 沿方位角 α 的轉向旋轉 2α 至 CE 處，所得 E 點的縱、橫坐標 τ_E 與 σ_E 即分別代表 α 截面的切應力 τ_α 與正應力 σ_α，令圓心角 $\angle A_1CD_1 = 2\alpha_0$。

　　在利用應力圓分析應力時，應注意應力圓上的點與單元體內的截面的對應關係。如圖 4-5 所示，當單元體內截面 A 和 B 的夾角爲 α 時，應力

圖上相應點所對應的圓心角則爲 2α，且二角之轉向相同。實質上，這種對應關係是應力圓的參數運算式（4-8）和（4-9）以兩倍方位角爲參變數的必然結果。因此，單元體上兩相互垂直截面上的應力，在應力圓上的對應點，必位於同一直徑的兩端。例如在圖 4-5 中，與 x 截面上應力對應的點 D_1，以及與 y 截面上應力對應的點 D_2，即位於同一直徑的兩端。

例題 1 ✒

試用圖解法求解圖示應力狀態單元體的主應力。

解：

首先，在選定坐標系的比例尺，由座標 (200, −300) 和 (−200, 300) 分別確定 C 和 C' 點（圖 (b)）。然後，以 CC' 爲直徑畫圓，即得相應的應力圓。

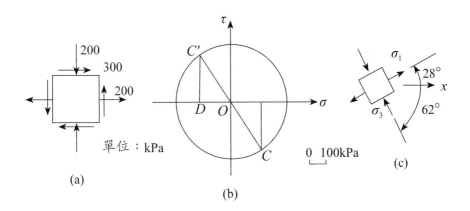

從應力圓量得主應力及方位角，並畫出主應力的應力狀態如圖。

$$\sigma_1 = 360\text{kPa} \quad \sigma_3 = -360\text{kPa}$$

$$\alpha_1 = 28°$$

$$\tau_{\max} = 360\text{kPa}$$

4.5 三向應力狀態的最大應力

一、三向應力圓

將三個坐標軸方向取在三個互相垂直的主應力方向上，選取如圖 4-6(a) 所示單元體。

首先分析與主應力 σ_3 平行的斜截面 $abcd$ 上的應力。不難看出（圖 4-6(b)）該截面的應力 σ_α 和 τ_α 僅與主應力 σ_1 反 σ_2 有關。所以，在 σ-τ 座標平面內，與該類斜截面對應的點，必位於由 σ_1 與 σ_2 所確定的應力圓上（圖 4-7）。同理，與主應力 σ_2（或 σ_1）平行的各截面的應力，則可由 σ_1 與 σ_3（或 σ_2 與 σ_3）所畫應力圓確定。

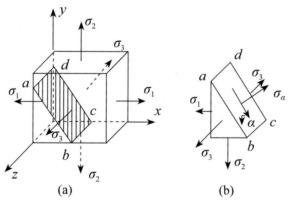

(a)   (b)

圖 4-6

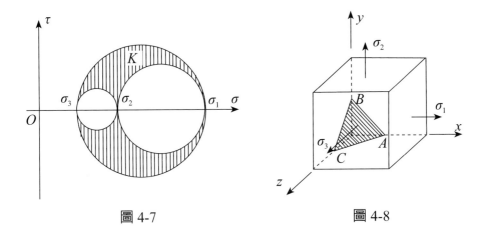

圖 4-7　　　　　　　　　　　　圖 4-8

　　至於與三個主應力均不平行的任意斜截面 ABC（圖 4-8），由四面體 $OABC$ 的平衡可得該截面的正應力與切應力分別為：

$$\sigma_n = \sigma_1\cos^2\alpha + \sigma_2\cos^2\beta + \sigma_3\cos^2\gamma \tag{4-25}$$

$$\tau_n = \sqrt{\sigma_1^2\cos^2\alpha + \sigma_2^2\cos^2\beta + \sigma_3^2\cos^2\gamma - \sigma_n^2} \tag{4-26}$$

式中，α、β、γ 分別代表斜截面 ABC 的外法線與 x、y、z 軸的夾角。利用上述關係可以證明，在 σ-τ 座標平面內，與上述截面對應的點 K（σ_n, τ_n），必位於圖 4-7 所示三圓所構成的陰影區域內。

二、最大應力

　　綜上所述，在 σ-τ 座標平面內，代表任一截面的應力的點，或位於應力圓上，或位於由上述三圓所構成的陰影區域內。自此可見，一點處的最大與最小正應力分別為最大與最小主應力，即：

$$\sigma_{\max} = \sigma_1 \tag{4-27}$$

$$\sigma_{\min} = \sigma_3 \tag{4-28}$$

而最大切應力則為

$$\tau_{\max} = \frac{\sigma_1 - \sigma_3}{2}$$

（4-29）

並位於與 σ_1 及 σ_3 均成 45° 的截面。

　　上述結論同樣適用於單向和雙向應力狀態。

例題 1

圖 (a) 所示應力狀態，應力 $\sigma_x = 80\text{MPa}$，$\tau_x = 35\text{MPa}$，$\sigma_y = 20\text{MPa}$，$\sigma_z = -40\text{MPa}$，試畫三向應力圓，並求主應力、最大切應力。

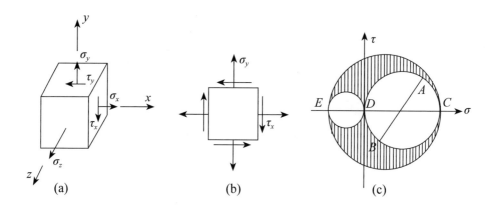

(a)　　　　　　　(b)　　　　　　　(c)

解：

1. 畫三向應力圓

　　對於圖示應力狀態，已知 σ_z 為主應力，其它兩個主應力則可由 σ_x，τ_x 與 σ_y 確定（圖 (b)）。在 σ-τ 座標平面內（圖 (c)），由座標 (80, 35) 與 (20, -35) 分別確定 A 和 B 點，然後，以 AB 為直徑畫圓並與 σ 軸相交於 C 和 D，其橫坐標分別為：

$$\sigma_C = 96.1\text{MPa}$$

$$\sigma_D = 3.90\text{MPa}$$

取 $E(-40, 0)$ 對應於主平面 z，於是，分別以 ED 及 EC 為直徑畫圓，即得三向應力圓。

2. 主應力與最大應力由上述分析可知，主應力為：

$$\sigma_1 = \sigma_C = 96.1\text{MPa}$$

$$\sigma_2 = \sigma_D = 3.90\text{MPa}$$

$$\sigma_3 = \sigma_E = -40.0\text{MPa}$$

而最大正應力與最大切應力則分別為：

$$\sigma_{\max} = \sigma_1 = 96.1\text{MPa}$$

$$\tau_{\max} = \frac{\sigma_1 - \sigma_3}{2} = 68.1\text{MPa}$$

4.6　空間應力狀態的廣義虎克定律

一、雙向應力狀態的廣義虎克定律

$$\left. \begin{aligned} \varepsilon_1 &= \varepsilon_1' + \varepsilon_1'' = \frac{\sigma_1}{E} - v\,\frac{\sigma_2}{E} \\ \varepsilon_2 &= \varepsilon_2' + \varepsilon_2'' = \frac{\sigma_2}{E} - v\,\frac{\sigma_1}{E} \end{aligned} \right\} \tag{4-30}$$

這就是雙向應力狀態下的廣義虎克定律。

二、空間應力狀態下的廣義虎克定律

同理，三向應力狀態下（圖 4-9(a)）的廣義虎克定律為：

$$\left.\begin{array}{l} \varepsilon_1 = \dfrac{1}{E}[\sigma_1 - v(\sigma_2 + \sigma_3)] \\[2mm] \varepsilon_2 = \dfrac{1}{E}[\sigma_2 - v(\sigma_3 + \sigma_1)] \\[2mm] \varepsilon_3 = \dfrac{1}{E}[\sigma_3 - v(\sigma_1 + \sigma_2)] \end{array}\right\} \quad (4\text{-}31)$$

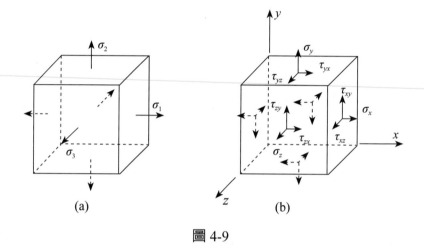

(a)　　　　(b)

圖 4-9

空間應力狀態（圖 4-9(b)），即單元上既作用有正應力 σ_x、σ_y、σ_z，又作用有切應力 τ_{xy}、τ_{xz}、τ_{yz}，則正應力 σ_x、σ_y、σ_z 與沿 x、y、z 方向的線應變 ε_x、ε_y、ε_z 的關係為：

$$\left.\begin{array}{l} \varepsilon_x = \dfrac{1}{E}[\sigma_x - v(\sigma_y + \sigma_z)] \\[2mm] \varepsilon_y = \dfrac{1}{E}[\sigma_y - v(\sigma_z + \sigma_x)] \\[2mm] \varepsilon_z = \dfrac{1}{E}[\sigma_z - v(\sigma_x + \sigma_y)] \end{array}\right\} \quad (4\text{-}32)$$

切應變 γ_{xy}、γ_{yz}、γ_{zx} 與切應力 τ_{xy}、τ_{yz}、τ_{zx} 之間的關係為：

$$\gamma_{xy} = \frac{\tau_{xy}}{G}$$
$$\gamma_{yz} = \frac{\tau_{yz}}{G}$$
$$\gamma_{zx} = \frac{\tau_{zx}}{G}$$

$(4\text{-}33)$

式（4-32）、（4-33）即爲一般空間應力狀態下、線彈性範圍內、小變形條件下，各向同性材料的廣義虎克定律。

例題 1

有一邊長 a = 200mm 的正立方混凝土試塊，無空隙地放在剛性凹座（圖 (a)）裡。上表面受壓力 F = 300kN 作用。已知混凝土的泊松比 v = 1/6。試求凹座壁上所受的壓力 F_N。

解：

混凝土塊在 z 方向受壓力 F 作用後，將在 x、y 方向發生伸長。但由於 x、y 方向受到座壁的阻礙，兩個方向的變形爲零，即：

$$\varepsilon_x = \varepsilon_y = U$$

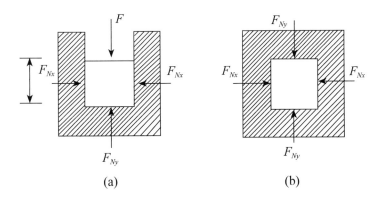

(a)　　　　　　　　(b)

此式即爲變形條件。此時，在 x、y 方向所受到座壁的反力 F_{Nx} 和 F_{Ny}，

因對稱而相等，即：

$$F_{Nx} = F_{Ny}$$

由三向應力的虎克定律，解出：

$$\varepsilon_x = \frac{1}{E}[\sigma_x - v(\sigma_y + \sigma_z)] = 0 \Big]$$

$$\varepsilon_y = \frac{1}{E}[\sigma_y - v(\sigma_z + \sigma_x)] = 0 \Big]$$

$$\sigma_x = \sigma_y = \frac{v}{1-v}\sigma_z$$

由於試塊較小，可認為應力分布均勻，則式中：

$$\sigma_x = -\frac{F_{Nx}}{a^2} \, , \ \sigma_y = -\frac{F_{Ny}}{a^2} \, , \ \sigma_z = -\frac{F}{a^2}$$

將有關資料代入，得：

$$\sigma_z = -\frac{F}{a^2} = -\frac{300 \times 10^3}{200^2 \times 10^{-6}} = -7.5 \times 10^6 Pa = -7.5 MPa$$

$$\sigma_x = \sigma_y = \frac{\dfrac{1}{6}}{1 - \dfrac{1}{6}} \times (-7.5) = -1.5 MPa$$

$$F_{Nx} = F_{Ny} = -\sigma_x \cdot a^2 = 1.5 \times 10^6 \times 200^2 \times 10^{-6} = 60 \times 10^3 N = 60 kN$$

$$\theta = \frac{1-2v}{E}(\sigma_1 + \sigma_2 + \sigma_3) = \frac{1 - 2 \times 0.33}{200 \times 10^9}(-26.4 - 80) \times 10^6 = 1.81 \times 10^{-4}$$

4.7 強度理論概述

一、最大拉應力理論（第一強度理論）

　　這一理論認為，最大拉應力是引起材料斷裂的主要因素。無論材料處於何種應力狀態，只要最大拉應力 σ_1 達到材料單向拉伸斷裂時的最大拉應力，即強度極限 σ_b，材料即發生斷裂。材料斷裂破壞的條件為：

$$\sigma_1 = \sigma_b \tag{4-34}$$

試驗表明：脆性材料在雙向或三向拉伸斷裂時，最大拉應力理論與試驗結果相當接近；而當存在壓應力時，則只要最大壓應力值不超過最大拉應力值或超過不多，最大拉應力理論與試驗結果也大致相近。

　　將式（4-34）的極限應力 σ_b 除以安全因數，就得到材料的許用應力 $[\sigma]$，因此，按第一強度理論所建立的強度條件為：

$$\sigma_1 \leq [\sigma] \tag{4-35}$$

二、最大拉應變理論（第二強度理論）

　　複雜應力狀態下的最大拉應變為：

$$\varepsilon_1 = \frac{1}{E} \left[\sigma_1 - v \left(\sigma_2 + \sigma_3 \right) \right] \tag{4-36}$$

而材料在單向拉伸斷裂時的最大拉應變為：

$$\varepsilon_u = \frac{\sigma_b}{E} \tag{4-37}$$

則材料的斷裂條件可改寫為：

$$\sigma_1 - v(\sigma_2 + \sigma_3) = \sigma_b \tag{4-38}$$

即爲主應力表示的斷裂破壞條件。

再將上式中的極限應力除以安全因數 n，就得到許用應力 $[\sigma]$，故此可很第二強度理論的強度條件爲：

$$\sigma_1 - v(\sigma_2 + \sigma_3) \leq [\sigma] \tag{4-39}$$

三、最大切應力理論（第三強度理論）

這一理論是針對塑性屈服破壞的。該理論認爲，最大切應力是引起材料發生屈服的主要因素。也就是說，無論材料處於何種應力狀態，只要最大切應力 $\tau_{\max}$ 達到材料單向拉伸屈服時的最大切應力 τ_s，材料即發生屈服破壞。即：

$$\tau_{\max} = \tau_s \tag{4-40}$$

對於複雜應力狀態，最大切應力爲：

$$\tau_{\max} = \frac{\sigma_1 - \sigma_3}{2} \tag{4-41}$$

而材料單向拉伸屈服時的最大切應力則爲：

$$\tau_s = \frac{\sigma_s}{2} \tag{4-42}$$

考慮安全因數後，就得到第三強度理論的強度條件爲：

$$\sigma_1 - \sigma_3 \leq [\sigma] \tag{4-43}$$

這一理論與試驗符合較好，比較滿意地解釋了塑性材料出現屈服現象，因此在工程中得到廣泛應用。但該理論沒有考慮第二主應力 σ_2 的影響，而且對三向等值拉伸情況，按這個理論來分析，材料將永遠不會發生破壞，這也與實際情況不符。

四、形狀改變比能理論（第四強度理論）

這一理論也是針對塑性屈服破壞的。眾所周和，在外力作用下構件將發生變形，則外力作用點即隨之發生改變，從而外力將在其相應的位移上作功。與此同時，構件因其形狀和體積都發生改變而在其內部積蓄了能量，稱為變形能。通常將構件單位體積內所積蓄的變形能，稱為**比能**。進而也將比能分為形狀改變比能和體積改變比能兩部分。可以推得（從略），三向應力狀態下形狀改變比能的運算式為：

$$v_d = \frac{1+v}{6E}[(\sigma_1 - \sigma_2)^2 + (\sigma_2 - \sigma_3)^2 + (\sigma_3 - \sigma_1)^2] \tag{4-44}$$

形狀改變比能理論認為，形狀改變比能是引起材料發生屈服的主要因素。也就是說，無論材料處於何種應力狀態，只要形狀改變比能 v_d 達到材料單向拉伸屈服時的形狀改變比能 v_{ds}，材料就會發生屈服破壞。

$$v_d = v_{ds} \tag{4-45}$$

材料單向拉伸屈服時的形狀比能為：

$$v_{ds} = \frac{1+v}{3E}\sigma_s^2 \tag{4-46}$$

因此，材料的屈服破壞條件為：

$$\sqrt{\frac{1}{2}[(\sigma_1 - \sigma_2)^2 + (\sigma_2 - \sigma_3)^2 + (\sigma_3 - \sigma_1)^2]} = \sigma_s \tag{4-47}$$

考慮安全因數後，就得到第四強度理論的強度條件為：

$$\sqrt{\frac{1}{2}[(\sigma_1 - \sigma_2)^2 + (\sigma_2 - \sigma_3)^2 + (\sigma_3 - \sigma_1)^2]} \leq [\sigma] \tag{4-48}$$

五、相當應力

綜合上述四個強度理論的強度條件，可以寫成下面的統一形式：

$$\sigma_r \leq [\sigma] \qquad (4\text{-}49)$$

此處 $[\sigma]$ 爲根據拉伸試驗而確定的材料的許用拉應力，σ_r 爲三個主應力按不同強度理論的組合，稱爲**相當應力**。對於不同強度理論，σ_r 分別爲：

$$\sigma_{r1} = \sigma_1 \qquad (4\text{-}50)$$

$$\sigma_{r2} = \sigma_1 - \mu(\sigma_2 + \sigma_3) \qquad (4\text{-}51)$$

$$\sigma_{r3} = \sigma_1 - \sigma_3 \qquad (4\text{-}52)$$

$$\sigma_{r4} = \sqrt{\frac{1}{2}[(\sigma_1 - \sigma_2)^2 + (\sigma_2 - \sigma_3)^2 + (\sigma_3 - \sigma_1)^2]} \qquad (4\text{-}53)$$

第五章　材料力學重點複習

前言

　　前面章節所講的每一個實體、可以承受負載的東西，基本上都可以稱作結構。機械設計上構成機械的結構，通常有兩個可能的目的：可以承載負荷而不產生破壞，以及支撐各部分元件到達它們正確的位置。機械結構要有足夠的強度（strength）和剛性（stiffness），在使用過程中不能發生破壞或不當的變形，機械元件或系統才能充分發揮預期的功能，因此機械結構的設計與分析在機械設計上非常基本且重要。

　　結構設計，首先應了解機械結構可能會受到哪些種類的外力，而它們各有什麼特性。結構所受到的外力，大致上有以下五種形態：

1. 張力（tension forces）
2. 壓力（compression forces）
3. 剪力（shear forces）
4. 彎曲力（bending forces）
5. 扭轉力（torsional forces）

這一節中即對這五種外力的形態，以及其對結構可能會造成的應力及變形的計算，做詳細的討論。

5.1　應力與應變

5.1.1　正向力作用下的應力狀態

　　「**應力（stress）**」是機械材料受力之後的一種狀態，材料受力的大小、形式不同，應力狀態也都會有差異。圖 5-1 是一個最簡單的受力狀

圖 5-1　一桿件受到正向拉力時的應力狀態

態，一截面積爲 A 的桿件，兩端受到大小爲 F 的正向張力作用，此時整個桿件內應力大小爲

$$\sigma（讀作「sigma」）= F/A \quad 來表示。 \tag{5-1}$$

　　拉應力的單位和壓應力單位相同，為每單位面積之受力大小，公制單位爲 N/m^2（Pascal，簡寫爲 Pa）。然而想像 1 平方公尺的面積，僅受力 1 牛頓（約 100g 重量），可以知道 Pa 是非常小的應力單位，一般實務上多採用 N/mm^2 爲單位，$1N/mm^2 = 10^6 N/m^2 = 1MPa$，例如低碳鋼的降伏強度大約是 200～500MPa，也就是低碳鋼材料所受到應力大於這個數值時，便會產生**降伏的現象**；熱處理過的合金鋼降伏強度則可能超過 1,500MPa。

　　圖 5-1 中桿件所受到的應力形式叫做「**正向應力（normal stress）**」，正向應力又可以分爲張應力和壓應力。材料受到正向應力時會被拉長或壓縮，而所謂「**應變（strain）**」就是指材料單位長度的變形量（伸長或壓縮量），定義如下：

$$\varepsilon = \delta/L \tag{5-2}$$

其中應變一般用希臘字母 ε（讀作「epsilon」）來表示，L 是材料原長度（讀作「delta」）是受到正向應力後材料的變形量。從式（5-2）中可以輕易看出，**應變沒有單位**。

　　材料受力之後應力與應變的關係，非常類似於彈簧受力和變形量的關係，也有類似**虎克定律**（Hookes Law）的關係式：

$$\sigma = E\varepsilon \tag{5-3}$$

其中 E 叫做材料的「楊氏係數（Youngs modulus）」，或稱作材料的「彈性模數（modulus of elasticity）」。

其實與其說應力是因為材料受力所造成的狀態，材料不管是任何原因產生應變，包括受力、受熱變形或金屬材料成形時，局部受力不平均，使材料產生應變，都會造成應力，**而應力的大小正是和應變成正比。**

因為應變是沒有單位的，從式（5-3）中可以看出材料彈性模數的單位和應力相同。不過和應力數字或材料的降伏強度比較起來，一般機械材料的彈性模數相當大，常用的彈性模數單位是 GPa，也就是 10^9Pa，例如鋼的彈性模數是 207GPa。要求結構輕量化時常使用鋁，鋼的密度是 7.9g/cm^3，鋁的密度只有 2.7g/cm^3，大約是鋼的三分之一，但是鋁的彈性模數是 69～73GPa，大約是鋼的三分之一。鈦合金也有很好的材料性質組合，密度為 4.5g/cm^3，彈性模數為 107GPa。

綜合式（5-1）至（5-3），在做桿件受正向力的設計與計算時。

$$\delta = \frac{FL}{EA} \tag{5-4}$$

5.2 梁彎曲時的應力狀態

結構桿件除了如圖 5-1 中直接受到軸向力時，會產生正向應力之外，受到方向與桿件垂直的剪力時，也會因為受力變形而產生正向應力。如圖 5-2(a)、5-2(b) 分別表示「懸臂梁（cantilever beam）」和「簡支梁（simply supported beam）」受到方向與桿件垂直的剪力時的變形狀態，這時懸臂梁和簡支梁內也都會因為在軸向產生應變而造成正向應力。

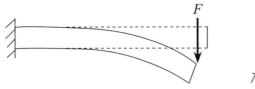
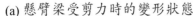
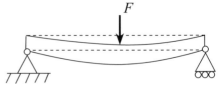

(a) 懸臂梁受剪力時的變形狀態　　(b) 簡支梁受剪力時的變形狀態

圖 5-2

如圖 5-2 中的符號所示，懸臂梁和簡支梁的邊界條件（boundary condition）有相當大的不同，**懸臂梁的一端為自由端，另一端則完全固定（包括 x、y 方向的移動以及轉動自由度均為零）**，如圖 5-3(a) 的自由體圖（free-body diagram）所示，當受到剪力作用時，懸臂梁固定端會施予一反向之剪力及一彎矩（bending moment）的反作用力，才能達到靜力平衡。**簡支梁的邊界條件在一端 x、y 方向移動自由度為零，另一端則是 y 方向移動自由度為零，x 方向仍然能夠自由移動**，如圖 5-3(b) 的自由體圖所示，當受到剪力作用時，簡支梁的兩端都仍然保持旋轉的自由度，因此兩端產生的反作用力僅有方向相反的剪力，彎矩則均為零。

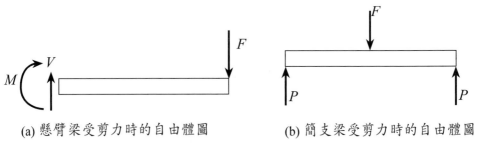

(a) 懸臂梁受剪力時的自由體圖　　(b) 簡支梁受剪力時的自由體圖

圖 5-3

不管是懸臂梁的受力形式或是簡支梁的受力形式，剪力造成的彎矩使得支梁產生如圖 5-4 中的彎曲變形，如果想像整隻梁是由好幾層材料堆積組成，**彎曲變形時最內側一層材料受到壓縮，最外側一層材料受到拉伸，其所產生的應力形態，在內層即是壓應力，而在外層則是張應力。**

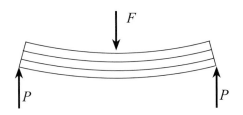

圖 5-4　彎矩造成彎曲變形，最內側受到壓縮，最外側則受到拉伸

由此可以知道，懸臂梁或簡支梁受到剪力時，仍然可能產生正向應力，其應力大小計算公式如下：

$$\sigma = \frac{My}{I} \tag{5-5}$$

其中 M 爲產生此正向應力之彎矩；I 是支梁截面之慣性矩，對應於 x、y 軸之慣性矩數學定義分別爲：

$$I_x = \int y^2 dA \quad\quad I_y = \int x^2 dA \tag{5-6}$$

圖 5-5 是幾個常見的截面慣性矩 I 之計算公式。圖 5-4 中不拉伸也不壓縮之點所連成的平面叫做「中性軸（neutral axis）」，式（5-5）中 y 是應力計算點到中性軸間的距離。

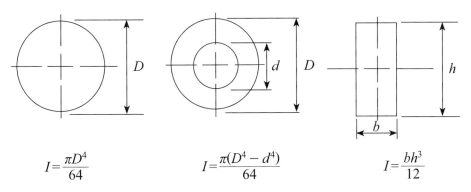

$$I = \frac{\pi D^4}{64} \quad\quad I = \frac{\pi(D^4 - d^4)}{64} \quad\quad I = \frac{bh^3}{12}$$

圖 5-5　常見的截面慣性矩 I 之計算公式

　　圖 5-6 是一個典型的截面彎曲應力分布圖，從式（5-5）可以看出，截面彎曲應力分布呈線性，截面最外側受到的壓縮（拉伸）量最大，因此壓應力（張應力）也最大，向內部逐漸減小，最大應力值為

$$\sigma_{\max} = \frac{Mc}{I} \qquad (5\text{-}7)$$

其中 c 為中性軸至橫斷面邊緣之最大距離。

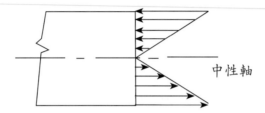

圖 5-6　典型的截面彎曲應力分布圖

　　將式（5-7）和式（5-1）對照，兩個式子的形式似乎略有不同，式（5-1）這個最基本的應力計算公式是寫成「**外力／截面性質**」的形式，而式（5-7）分子中的 c 與分母中的 I 都在定義截面性質，因此這裡定義「**截面模數（cross-sectional modulus）**」如下：

$$z = \frac{I}{c} \qquad (5\text{-}8)$$

利用截面模數，式（5-7）即可寫成如下「外力／截面性質」的形式：

$$\sigma_{\max} = \frac{M}{z} \qquad (5\text{-}9)$$

一、彎曲應力的計算

　　一竹筷長度 20 公分，截面直徑 5 公釐，兩端以簡支梁的形式支撐，竹筷中央施以一大小為 10 牛頓的力，其所產生的最大彎曲應力是多少？

　　計算其最大彎曲應力得先知道結構所受到最大彎矩的大小，圖 5-7 分別爲此簡單結構受力狀態的「自由體圖（free body diagram）」、「剪力圖（shear force diagram）」和「彎矩圖（bending moment diagram）」，這些圖是我們計算最大彎矩的重要工具。首先在自由體圖中，我們很容易由靜力平衡，計算出竹筷兩端分別有大小爲 5 牛頓、方向向上的反作用力，由此我們可以畫出整個簡支梁上的剪力圖，在最左端所受到的剪力是 5 牛頓、方向向上，一直到中央點受到 10 牛頓、方向向下的剪力之後，成爲 5 牛頓、方向向下，最後在右端受到 5 牛頓、方向向上的剪力，剪力圖上受力大小回復爲 0，也就是保持靜力平衡的狀態。

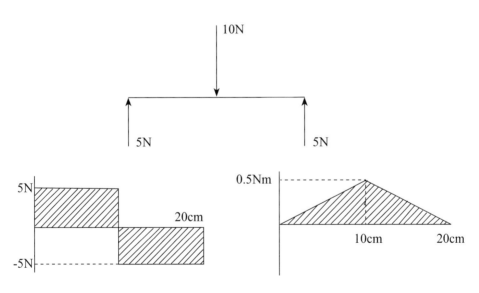

圖 5-7　　結構受力狀態的自由體圖、剪力圖和彎矩圖

　　由簡支梁上的剪力圖積分，也就是計算其面積大小，可以求得每一點上所受到的彎矩，畫出彎矩圖。由於是簡支梁的支撐狀態，在左端可以自由旋轉，所受到的彎矩爲 0，之後由於剪力圖中的面積爲正，彎矩呈線性增加，至中央點得到最大值，接下來剪力圖中的面積變成負值，彎矩也呈

線性遞減，直到右端所受到的彎矩又為 0。由此圖中也可以讀出，這個例子中最大彎矩為 0.5N·m。圖 5-8 中列出幾種常見的簡支梁、懸臂梁受力狀態、剪力圖、彎矩圖和最大變形量的計算等。

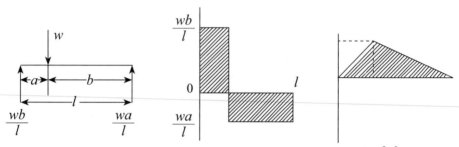

(a) 簡支梁受到垂直力，在負荷點之變形量 $y_{max} = \dfrac{Wa^2b^2}{3EI}$

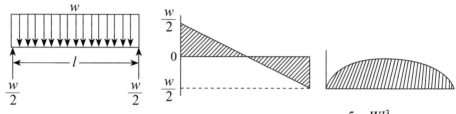

(b) 簡支梁受到平均壓力，最大變形量 $y_{max} = \dfrac{5}{384}\dfrac{Wl^3}{EI}$

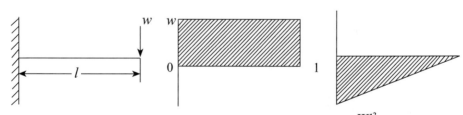

(c) 懸臂梁受到垂直力，最大變形量 $y_{max} = \dfrac{Wl^3}{3EI}$

圖 5-8　幾種常見的簡支梁、懸臂梁受力狀態

竹筷截面慣性矩，$I = \dfrac{\pi D^4}{64} = 2.968 \times 10^{-11} \text{m}^4$　$c = 2.5 \times 10^{-3}\text{m}$，代入式（5-7）可得。就竹筷的材料來說，承受這麼大的應力幾乎是必然會產

生斷裂，但是如果這個例子中 10 牛頓的外力是軸向張力，材料中產生正向應力的大小為，$\sigma = F/A = 0.51\text{MPa}$ 和彎曲應力 $\sigma_{max} = 4.21 \times 10^7 \text{Pa} = 42.1\text{MPa}$ 相比較，差了足足有 80 倍左右。

以結構的變形量來比較，在這個例子中在竹筷中心施加 10 牛頓剪力時，由圖 5-8(c) 最大變形量的計算公式可以算出：

$$\delta = \frac{FL}{EA} = 1.02 \times 10^5 E^{-1}\text{m}$$

其中 E 為材料的彈性模數；而如果這個例子中 10 牛頓的外力是軸向張力，材料產生的軸向變形大小為：

$$y_{max} = 5.61 \times 10^7 E^{-1}\text{m}$$

下面幾節中，也會對結構破壞的各種模式，作比較詳盡的介紹。結構剛性上的考慮，用比較直覺的方式來解釋，主要是考慮結構受力時在受力方向產生變形量的大小。

結構的剛性不足，受力後產生的變形量太大，即使結構不發生破壞，往往也會影響機械系統運動的精確度，並且可能產生振動和噪音等問題，這個部分在機械振動單元中會做進一步討論。

從例題中，我們可以發現**結構對於張力、壓力的承受能力（包括強度和剛性），都遠遠優於對於彎矩的承受能力。所以在結構設計時的一個重要原則是盡量讓結構中材料承受張力或壓力**，像是室內棒球場要建成「巨蛋」，建築上經常採用圓拱形結構等，都是這個道理。

二、應力計算的重疊原理

圖 5-9 是一個懸臂梁受到斜向下方的拉力，試分析其在 A、B 兩點的應力狀態。

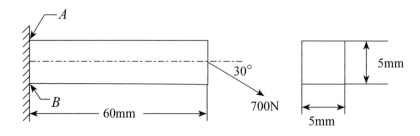

圖 5-9　懸臂梁受到斜向下方的拉力

　　懸臂梁不是受到單純的正向拉力或彎曲力，而是兩種方向力的組合，因此其上任何一點的應力狀態，也可以視爲彎曲應力加上張應力，如圖 5-10 所示，這種應力計算的方式稱作「**重疊原理（superposition）**」。

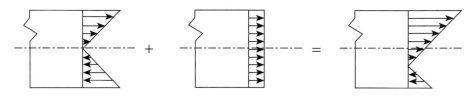

圖 5-10　應力計算的重疊原理：彎曲應力＋正向應力＝所求的應力

在點 A、B 的截面，先求彎矩所產生的應力：

$$I = \frac{bh^3}{12} = \frac{5 \times 5^3}{12} = 52 \ (\text{mm}^4)$$

$$c = 2.5 \ (\text{mm})$$

$$M = 60 \times 700 \times \sin 30° = 21,000 \ (\text{N·mm})$$

$$\sigma = \frac{Mc}{I} = \frac{21000 \times 2.5}{52} = 1,010 \ (\text{N/mm}^2) = 1,010 \ (\text{MPa})$$

再求正向應力所產生的應力：

$$\sigma = \frac{F}{A} = \frac{700 \times \cos 30°}{5 \times 5} = 24.25 \ (\text{N/mm}^2) = 24.25 \ (\text{MPa})$$

在 *A* 點的應力為拉應力：

$$1010 + 24.25 = 1034.25 \text{（MPa）}$$

在 *B* 點的應力為壓應力：

$$1010 - 24.25 = 985.75 \text{（MPa）}$$

從這個例子裡我們再次看到，彎矩造成的彎曲應力，遠大於張力造成的正向應力。

三、齒輪軸剛性的計算

圖 5-11(a) 所示為一減速機中的齒輪組。動力由軸 1 輸入，經過齒輪組 *A*、*B* 及齒輪組 *C*、*D* 兩階段減速之後，由軸 3 輸出。齒輪咬合的過程中，齒輪 *A*、*B* 及齒輪 *C*、*D* 都會產生一個互推的力，其大小與位置如圖 5-11(b) 所示。這個互相推拒的力量會使齒輪產生變形，如果齒輪軸的剛性不足，產生的變形量過大，將會使齒輪咬合、運轉的過程中產生振動、噪音，也將加速齒輪的磨耗。

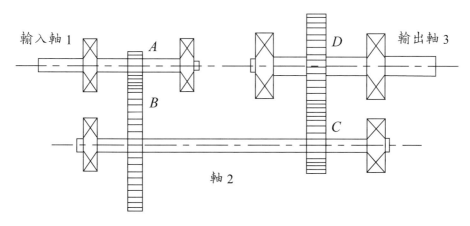

圖 5-11(a)　減速機中的齒輪組

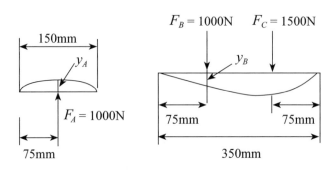

圖 5-11(b)　齒輪咬合過程中會產生互相推拒的力量

三個齒輪軸截面的轉動慣量分別為 $I_1 = 6 \times 10^3 \text{mm}^4$、$I_2 = 2 \times 10^4 \text{mm}^4$、$I_3 = 10^5 \text{mm}^4$，材料的彈性模數為 207GPa，軸 1、軸 2 在齒輪 A、B 咬合點所產生的變形量是多少？

由圖 5-8(a) 的公式，可以計算軸 1 在齒輪 A 所產生的變形量：

$$y_A = \frac{F_A L^3}{48EI} = \frac{1000\text{N} \times (150\text{mm})^3}{48 \times 207 \times 10^9 \text{N/m}^2 \times 6 \times 10^3 \text{mm}^4} = 0.0566\text{mm}$$

軸 2 同時受到兩個剪力作用，在齒輪 B 點的變形也可以用重疊原理的概念來計算。如圖 5-12 所示，我們可以先分別計算 F_B、F_C 所造成的位移量 y_{B1}、y_{B2}，再將兩個剪力造成的變形量加成起來：

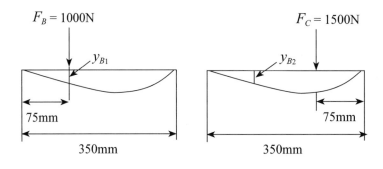

圖 5-12　利用重疊原理計算變形量

$$y_{B1} = \frac{F_B a^2 b^2}{3EIL} = \frac{1000\text{N} \times (75\text{mm})^2 \times [(350-75)\text{mm}]^2}{3 \times 207 \times 10^9 \text{N/m}^2 \times 2 \times 10^4 \text{mm}^4 \times 350\text{mm}} = 0.0978\text{mm}$$

$$y_{B2} = \frac{F_c ab}{6EIL}(L^2 - a^2 - b^2)$$

$$= \frac{1500\text{N} \times 75\text{mm} \times (350-75)\text{mm}}{6 \times 207 \times 10^9 \times 2 \times 10^4 \times 350}[(350\text{mm})^2 - (75\text{mm})^2 - (275\text{mm})^2]$$

$$= 0.14\text{mm}$$

所以軸 2 在齒輪 *B* 產生的總變形量為

$$y_B = y_{B1} + y_{B2} = 0.0978\text{mm} + 0.14\text{mm} = 0.2378\text{mm}$$

齒輪 *A* 和齒輪 *B* 咬合點上，因為相互推拒的力量，可能產生的最大間隙為：

$$y_A + y_B = 0.0566 + 0.2378 = 0.2944\text{mm}$$

5.3　直接剪力作用下的應力狀態

懸臂梁或簡支梁在受到剪力時，除了會因彎矩而產生張應力、壓應力等正向應力之外，在受到剪力的截面也會產生另一種形態的應力叫做「**剪應力（shear stress）**」。剪應力產生的原因相當多，如圖 5-13 兩個例子中螺栓所受到的都是「直接剪力（direct shear）」，其所產生剪應力大小可以用下式計算

$$\tau = \frac{F}{A_s} \qquad\qquad (5\text{-}10)$$

其中剪應力一般用希臘字母 τ（讀作「tau」）來表示。式（5-10）的形式和式（5-1）非常類似，但注意式（5-10）中分母是代表剪力作用面積（足標的「s」代表「shear」）。

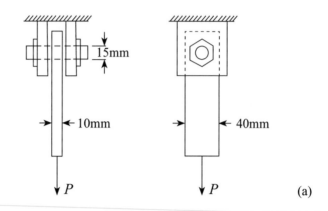

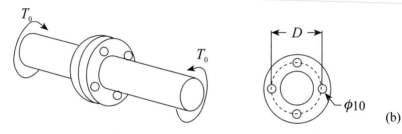

圖 5-13　直接剪應力之受力形態

一、直接剪應力的計算

圖 5-13(a) 中，螺栓所承受的剪力 $P = 500\text{N}$ 時，

$$A_5 = \frac{\pi d^2}{4} = \frac{\pi(15)^2}{4} = 176.7 \ (\text{mm}^2)$$

所以直接剪應力為：

$$\tau = \frac{P}{A} = \frac{500}{176.7} = 2.8\text{N/mm}^2 = 2.8\text{MPa}$$

圖 5-13(b) 中，受扭矩 $T_0 = 100\text{N} \cdot \text{m}$，且 $D = 50\text{mm}$，螺栓直徑 $d = 10\text{mm}$，截面積 $A = \frac{\pi \times d^2}{4} = \frac{\pi \times 10^2}{4}\text{mm}^2 = 78.56\text{mm}^2$，作用在螺栓上的剪力 P 可由扭矩計算：

$$T_0 = P \times \frac{D}{2} \Rightarrow 100\text{N} \cdot \text{m} = P \times \frac{50}{2}\text{mm} \Rightarrow P = 4000\text{N}$$

因此直接剪應力大小為

$$\tau = \frac{P}{4 \times A} = \frac{4000}{4 \times 78.56}\frac{\text{N}}{\text{mm}^2} = 12.73\text{MPa}$$

相對應於正向應力和應變，材料受到剪應力時，也會產生「**剪應變（shear strain）**」。如圖 5-14，材料上下均受到大小為 τ 的剪應力作用時（注意剪應力必定成對同時出現），其形狀不會被壓縮或拉伸，而是垂直面的角度上會產生變化，這個角度變化 γ（讀作「gamma」），即為剪應變。

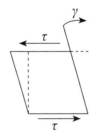

圖 5-14　材料受到剪應力時會產生剪應變

剪應力和剪應變之間也有如下虎克定律的關係：

$$\tau = G\gamma \qquad\qquad （5\text{-}11）$$

G 稱作材料的「**剪力彈性模數（modulus of elasticity in shear）**」，其單位也和應力相同，例如鋼的剪力彈性模數是 80GPa。

除了直接剪應力之外，前面提到懸臂梁或簡支梁受到剪力作用時，材料也會產生剪應力，這樣的剪力稱作「垂直剪力（vertical shear）」。

一般來說，垂直剪力產生的剪應力大小和因扭矩產生的正向應力相

比，通常都太小而可以忽略不計，在機械設計中，最常見也最需要注意的剪應力產生方式，是「扭轉剪應力（torsional shear stress）」，下一節中即對扭轉剪應力作比較深入的討論。

5.4　扭轉力作用下的應力狀態

　　圖 5-15 是一個簡單的馬達傳動、減速例子，一個馬達透過連軸器，連接到小齒輪軸，小齒輪帶動大齒輪減速，大齒輪軸再透過另一個連軸器連接至驅動軸，轉動被驅動的機械。這樣的減速裝置非常常見，引擎或馬達透過傳動軸，將扭力傳輸至被驅動機械，而當一軸受到這樣的扭力作用時，材料本身會產生扭轉剪應力，這個扭轉剪應力的大小也直接決定了軸的材料是否會破壞。

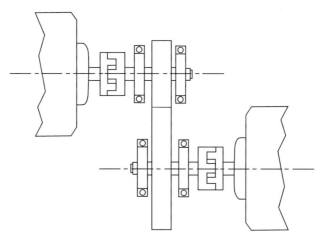

圖 5-15　典型的馬達傳動、減速例子

　　長軸受到扭矩作用時，材料本身為何會產生剪應力呢？想像你用手扭轉一支由一層一層橡皮向外包覆製成的圓棒，受到扭力作用時橡皮棒外層變形量較大，內層變形量較小，因此外層材料和內一層會互相摩擦施力，

很明顯的這是一個剪應力的形態，而最外層變形量最大，剪應力也最大，越往裡層剪應力逐漸變小，到軸心剪應力為零。一圓軸受到扭力 T 時，其扭轉剪應力的計算公式和前節中的彎曲應力計算公式很類似：

$$\tau = \frac{Tr}{J} \qquad (5\text{-}12)$$

其中 r 是應力計算點至軸心的距離，J 是軸的「極慣性矩（polar moment of inertia）」，定義為：

$$J = \int r^2 dA \qquad (5\text{-}13)$$

比較常見的例子如實心圓軸外徑為 d 時極慣性矩為：

$$J = \frac{\pi d^4}{32} \qquad (5\text{-}14)$$

空心圓軸內徑、外徑各為 d、D 時極慣性矩則為：

$$J = \frac{\pi (D^4 - d^4)}{32} \qquad (5\text{-}15)$$

前面提到長軸受到扭轉力時，最外層變形量最大，剪應力也最大，最大扭轉剪應力為：

$$\tau_{max} = \frac{Tc}{J} \qquad (5\text{-}16)$$

其中 c 是圓軸半徑。同樣的，扭轉剪應力計算公式也希望寫成「外力／截面性質」的形式，因此定義「極剖面模數（polar section modulus）」，$Z_p = \dfrac{J}{c}$ 可以得到：

$$\tau_{max} = \frac{T}{Z_p} \qquad (5\text{-}17)$$

然而實務上在應用式（5-16）作傳動軸的設計、計算時，引擎或馬達經常標示或規範所要傳輸的功率（或馬力）以及工作轉速，而非直接標示所傳輸的扭力大小，因此需要利用到式（5-18）扭力、功率、和轉速之間的簡單關係式來計算扭力：

$$功率 = 扭力 \times 轉速 \qquad (5\text{-}18)$$

這個關係式可以從直覺上作非常簡單的解釋，轉速是每單位時間的轉動量，扭力乘上轉動量，就是扭力所作的功，而每單位時間作的功自然就是功率了。不過注意在式（5-18）中，功率的公制單位是瓦特（Watt），扭力的單位是 N・m，轉速的單位是 rad/sec，一般轉速單位習慣用 rpm（rev/min）的單位，因此式（5-18）可改寫成：

$$功率（Watt）= 扭力（N・m）\times 轉速（rpm）\times \frac{2\pi}{60} \qquad (5\text{-}19)$$

一、傳動軸扭轉剪應力的計算

圖 5-15 中的馬達功率為 750W，工作轉速 1750rpm，一傳動軸直徑為 10mm，此傳動軸在工作過程中的最大扭轉剪應力為何？

轉速 1750rpm 可以換算成 183rad/s，代入式（5-18），可以得到傳輸扭力大小為：

$$T = \frac{750}{183} = 4{,}098（N・m）= 4{,}098（N・mm）$$

又傳動軸的極慣性矩：

$$J = \frac{\pi d^4}{32} = \frac{\pi(10)^4}{32} = 982（mm^4）$$

因此最大扭轉剪應力為：

$$\tau_{max} = \frac{Tc}{J} = \frac{(4098)(5)}{982} = 20.87 \text{（MPa）}$$

前節中提到，一桿件受到正向力時，變形量和受力的關係式為 $\delta = \frac{FL}{EA}$〔式（5-4）〕，一長度為 L 的長軸受到扭力 T 作用時，產生的角度變形量 θ 也有一個非常類似的關係式：

$$\theta = \frac{TL}{GJ} \tag{5-20}$$

其中 G 和 J 分別是前面提到的剪力彈性模數和長軸的極慣性矩。

二、扭轉及彎曲組合應力和位移

圖 5-16 是一個常見的曲柄扳手尺寸和受力狀況的圖形，這個扳手末端固定，尖端受到 1000 牛頓向下的力，材料的 $E = 207\text{GPa}$，試求圖中 A、B 點的位移，以及固定端最大應力。

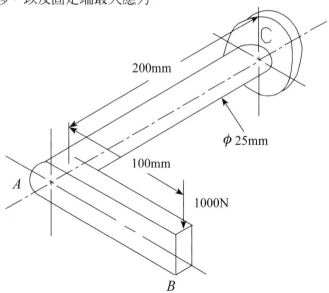

圖 5-16　一個曲柄扳手尺寸和受力狀況

在這個簡單結構中，圓柱部分是一個懸臂梁的形式，在尖端受到1000N 的負荷，由圖 5-8 中的公式，可以計算出在 A 點位移量：

$$I = \frac{\pi D^4}{64} = \frac{\pi \times (0.025)^4}{64} = 2 \times 10^{-8} \text{m}^4$$

$$y_{\max} = \frac{WL^3}{3EI} = \frac{1000\text{N} \times (0.2\text{m})^3}{3 \times 207 \times 10^9 \text{N/m}^2 \times 2 \times 10^{-8} \text{m}^4} = 6.4 \times 10^{-4} \text{m}$$

同時圓柱部分也受到 $T = 1000\text{N} \times 0.1\text{m} = 100\text{N} \cdot \text{m}$ 的扭矩，由式（5-20）可以計算出扭矩所造成的角位移：

$$J = \frac{\pi D^4}{32} = \frac{\pi \times (0.025\text{m})^4}{32} = 3.8 \times 10^{-8} \text{m}^4$$

$$\theta = \frac{TL}{GJ} = \frac{100\text{N} \cdot \text{m} \times 0.2\text{m}}{80 \times 10^9 \text{N/m}^2 \times 3.8 \times 10^{-8} \text{m}^4} = 0.0066 (\text{rad})$$

注意此處角位移的單位是徑度，0.0066 徑度 = 0.378°。

在 B 點的位移量除了原先 A 點的垂直位移 6.4×10^{-4}m 之外，還包括 A 點的角位移在 B 點造成的垂直位移，忽略方形桿件中因彎矩造成的垂直位移，可以估計出 B 點的總位移為：

$$6.44 \times 10^{-4} \text{m} + 0.1\text{m} \times 0.0066 = 6.4 \times 10^{-4} \text{m} + 6.6 \times 10^{-4} \text{m} = 1.3 \times 10^{-3} \text{m}$$

整個結構最大應力顯然發生在 C 點固定端表面，也包括彎曲正向應力和扭轉剪應力兩部分：

$$\sigma_{\max} = \frac{MC}{I} = \frac{1000\text{N} \times 0.2\text{m} \times 0.025/2\text{m}}{2 \times 10^{-8} \text{m}^4} = 1.25 \times 10^8 \text{Pa} = 125\text{MPa}$$

$$\tau_{\max} = \frac{Tc}{J} = \frac{100\text{N} \cdot \text{m} \times 0.025/2\text{m}}{3.8 \times 10^{-8} \text{m}^4} = 32.9 \times 10^6 \text{Pa} = 32.9\text{MPa}$$

5.5　莫耳圓

　　第 255 頁「二、」中，最後留下一個有趣的問題：固定端 *C* 點有 125MPa 的正向應力和 32.9MPa 的剪應力，但是最後這兩個應力的「和」是多少呢？是兩個應力數字直接相加，還是有其他計算方式？

　　前一節中討論了結構受力的五種形式，及基本的應力計算公式，然而如第 255 頁「二、」中固定端 *C* 點的狀況，在受力的狀態比較複雜、幾種形態應力同時存在時，應力分析也變得比較複雜。這一節中介紹的莫耳圓，能清楚描述結構中某一點的應力狀態，是很好的應力分析、計算的輔助工具。

一、二維應力元素

　　前一節中提到，材料受到正向力、剪力、彎矩、扭力時，可能產生各種正向應力及剪應力。通常在表達材料上某一點的應力狀態時，我們可以想像在這一點上有一個方形的「**應力元素（stress element）**」，如圖 5-17

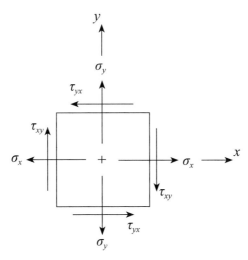

圖 5-17　二維應力元素

所示是一個二維應力元素，可以把這一點上 x、y 方向的正向應力 σ_x、σ_y，和剪應力 τ_{xy}、τ_{yx} 畫於其上。剪應力標示 τ_{xy} 中，足標 x 表示剪應力作用之平面，y 則表示剪應力作用的方向。注意為了保持力平衡，在應力元素中正向應力和剪應力都是成雙成對出現，而且很明顯的，$\tau_{xy} = -\tau_{yx}$。

一般在應力數值標示習慣上，正向應力的正負符號，是以**張應力為正，壓應力為負，剪應力的正負符號則是順時針方向的剪應力為正，逆時針方向的剪應力為負。**

在如圖 5-17 的二維應力元素中，如果不斷旋轉定義座標的 x、y 方向，將會發現應力元素在座標的 x、y 方向在某一個特定角度時完全沒有剪應力，只剩下正向應力 σ_1、σ_2，如圖 5-18 所示，其中 $\sigma_1 > \sigma_2$，此時 σ_1 為「**最大主應力（maximum principle stress）**」，或稱作「**第一主應力（first principle stress）**」，也就是在應力元素所有不同方向上，在此方向正向應力是最大的。而在與 σ_1 方向垂直之 σ_2 **則是「最小主應力（minimum principle stress）**」，或稱作「**第二主應力（second principle stress）**」，如果 σ_2 負值，則 σ_2 也是最大壓應力。

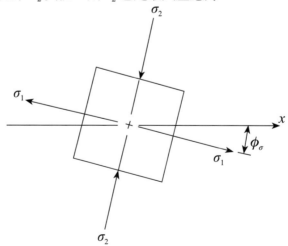

圖 5-18　二維應力元素中的最大主應力與最小主應力

主應力和原先 x、y 方向的正向應力和剪應力的關係式如下：

$$\sigma_1 = \frac{\sigma_x + \sigma_y}{2} + \sqrt{\left(\frac{\sigma_x - \sigma_y}{2}\right)^2 + \tau_{xy}^2} \qquad （5\text{-}21）$$

$$\sigma_2 = \frac{\sigma_x + \sigma_y}{2} + \sqrt{\left(\frac{\sigma_x - \sigma_y}{2}\right)^2 + \tau_{xy}^2} \qquad （5\text{-}22）$$

主應力作用的平面與原先 x 軸的夾角則爲：

$$\phi_a = \frac{1}{2}\tan^{-1}\left[2\tau_{xy} / (\sigma_x - \sigma_y)\right] \qquad （5\text{-}23）$$

由式（5-21）到（5-23），我們知道結構受力時，某一點的正向應力 σ_x、σ_y，和剪應力 τ_{xy} 的大小，便可代入求出最大張應力、壓應力和其所作用的平面。

二、莫耳圓的建構

式（5-21）到（5-23）看起來頗爲複雜，但事實上前述三式可以用莫耳圓很簡單地表示。建構莫耳圓的程序非常簡單，例如在某一受力狀態下已知 σ_x、σ_y、τ_{xy}，我們以正向應力 σ 爲橫座標，剪應力 τ 爲縱座標，繪出 (σ_x, τ_{xy})、(σ_y, τ_{xy}) 兩點，連結此兩點的線段與橫座標之交點爲 $\left(\dfrac{\sigma_x + \sigma_y}{2}, 0\right)$，此點是線段的中點，到兩端點的距離正好是 $\sqrt{\left(\dfrac{\sigma_x - \sigma_y}{2}\right)^2 + \tau_{xy}^2}$。這時以 $\left(\dfrac{\sigma_x + \sigma_y}{2}, 0\right)$ 爲圓心，$\sqrt{\left(\dfrac{\sigma_x - \sigma_y}{2}\right)^2 + \tau_{xy}^2}$ 爲半徑繪成一圓，即爲莫耳圓。

一個莫耳圓表達了一特定應力狀態，在不同方向上可以立即讀出此應力狀態不同的正向應力和剪應力數值，是一個非常方便好用的工具。如圖 5-19 所示，在莫耳圓上可以讀出與橫軸的交點爲在此應力狀態下之主應力 σ_1、σ_2，其值完全符合式（5-21）、（5-22），莫耳圓與縱軸的交點爲

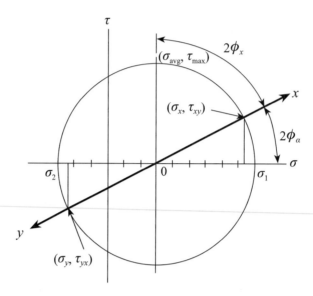

圖 5-19 建構二維莫耳圓

最大剪應力 $\tau_{\max}$。

　　除了應力數值之外，設計者也很關心主應力和最大剪應力發生的方向。莫耳圓與應力元素可以直接相互對照，**由莫耳圓圓心連結 (σ_x, τ_{xy}) 之射線，可以對應應力元素上的 x 軸**，莫耳圓上 (σ_x, τ_{xy}) 這一點，代表了應力元素上 x 軸的應力狀態；**圓心連結 (σ_y, τ_{xy}) 之射線，可對應應力元素之 y 軸**，莫耳圓上 (σ_y, τ_{xy}) 這一點，代表了應力元素上 y 軸的應力狀態。

　　主應力平面和最大剪應力平面相對應於 x、y 軸之旋轉角度 ϕ_a、ϕ_x 也很容易從莫耳圓上讀出，元素的 x、y 軸在莫耳圓上差距 180 度，可以知道**實際應力元素上的角度，在莫耳圓上被放大了兩倍**。例如圖 5-19 中 x 軸和最大主應力平面之間的角度為順時針轉 $2\phi_a$，代表應力元素中 x 軸順時針轉 ϕ_a，即為最大主應力平面；同樣的，圖 5-19 中，在莫耳圓上 x 軸和最大剪應力平面之間的角度為逆時針轉 $2\phi_x$，代表應力元素中 x 軸逆時針轉 ϕ_x，即為最大剪應力平面。最大主應力和最大剪應力之角度，也可

以作爲破壞發生位置與角度預測及設計者補強方式的依據。

三、莫耳圓的建構

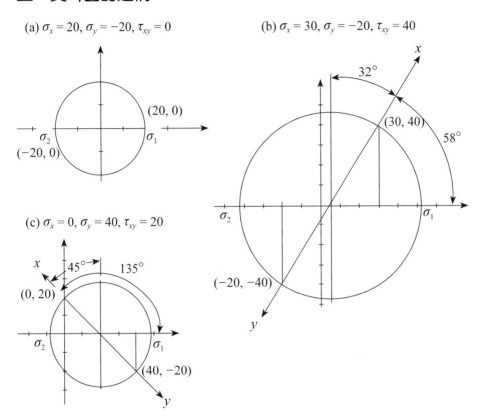

(a) $\sigma_x = 20$, $\sigma_y = -20$, $\tau_{xy} = 0$

(b) $\sigma_x = 30$, $\sigma_y = -20$, $\tau_{xy} = 40$

(c) $\sigma_x = 0$, $\sigma_y = 40$, $\tau_{xy} = 20$

圖 5-20　莫耳圓建構的例子

圖 5-20 是一連串莫耳圓建構的例子。

四、莫耳圓的特殊例子

　　了解建構莫耳圓的方式，及如何從莫耳圓上讀出有用的數據之後，這一小節裡將要討論莫耳圓的幾個特殊例子。

1. 純單軸拉力負荷

以萬能試驗機作材料拉伸實驗時，受測試的材料試片的受力狀態是純單軸拉力，僅有 y 軸方向有負載，此時 $\sigma_x = 0$、$\tau_{xy} = 0$。圖 5-21 是在這個應力狀態下的莫耳圓，從中可以讀出，在這個應力狀態下，最大主應力 $\sigma_1 = \sigma_y$，$\sigma_2 = \sigma_x = 0$，最大剪應力 $\tau_{max} = \dfrac{1}{2}\sigma_y$。

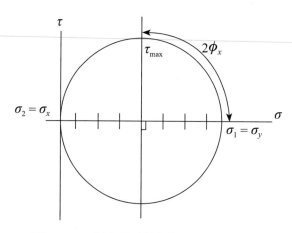

圖 5-21　僅有單軸拉應力時之莫耳圓

注意莫耳圓中對應應力元素 y 軸的位置，最大剪應力方向 $2\phi_x = 90°$，亦即最大剪應力發生在 y 軸逆時針旋轉 $45°$。

2. 純扭力負荷

一傳動軸受到純扭力 T 的作用時，$\sigma_x = \sigma_y = 0$，$\tau_{xy} = \dfrac{Tc}{J}$〔式（5-16）〕，圖5-22是其莫耳圓，由圖中可以看出，在這個受力狀態下，最大主應力 $\sigma_1 = \tau_{xy}$、$\sigma_2 = -\tau_{xy}$。注意莫耳圓中對應應力元素 x 軸的位置，最大剪應力方向在 x 軸順時針旋轉 $45°$。

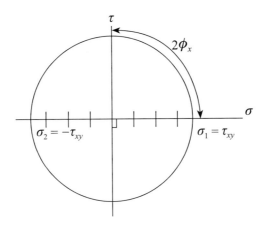

圖 5-22　僅有剪應力時之莫耳圓

　　脆性材料（例如粉筆、水泥）的破壞，通常是其正向應力超過材料的抗張強度因而斷裂。這個例子最容易作的實驗，是扭轉一枝粉筆導致斷裂時，其斷裂方向一定和粉筆的軸成 45°，便是因為在這個方向上有最大主應力的緣故。

　　到目前為止所討論莫耳圓的例子，都是屬於平面應力，也就是僅考慮 σ_x、σ_y、和 τ_{xy}，而沒有考慮 z 軸方向的應力。事實上如果考慮到三維的狀況，也就是考慮到 σ_z 和 τ_{yz}、τ_{zx}，我們應該可以畫出 x-y、y-z、z-x 等三個莫耳圓。如在第 262 頁「1.」中，如果考慮三維應力狀態，莫耳圓應該可以畫成如圖 5-23，可以找到三個主應力 σ_1、σ_2、和 σ_3。注意在這三個莫耳圓必定兩兩相切，而有一個最大的莫耳圓外切於兩個小的莫耳圓。在求最大主應力和最大剪應力時，我們僅僅關切最大的莫耳圓，其他兩個小的莫耳圓並沒有影響，所以在前面莫耳圓的討論中，忽略 z 軸方向的應力並不會影響最大主應力和最大剪應力值。然而在下面這個例子中，忽略 z 軸方向的應力可能會低估了最大主應力和最大剪應力值。

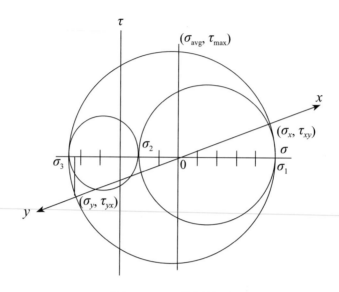

圖 5-23　三維莫耳圓

3. 三維莫耳圓之實例

圖 5-24 是一個由薄鋼板捲成的壓力筒，每一層鋼板間相接的角度是 75 度，鋼板與鋼板之間以焊接的方式固定，壓力筒內部壓力為 0.875MPa，鋼板厚度 1mm，鋼筒的直徑為 200mm。設計者關切的是焊接部位應力狀況如何，最大主應力、最大剪應力的角度是否和焊接角度重合？

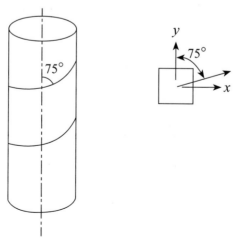

圖 5-24　由薄鋼板捲成的壓力筒

　　圖 5-24 的壓力容器壁上任何一點，在 x 方向（沿圓周方向）和 y 方向（壓力筒的軸向）都受到拉伸，σ_x、σ_y 均為張應力，而 $\sigma_x = \dfrac{PD}{2t} = 87.5\text{MPa}$，$\sigma_y = \dfrac{PD}{4t} = 43.75\text{MPa}$，剪應力則為零。這是一個很特別的應力狀態，莫耳圓如圖 5-25 所示，如果我們只考慮 x 和 y 方向，計算出最大剪應力是圖 5-25 中小莫耳圓的半徑：

$$\tau = \frac{87.5 - 43.75}{2} = 21.875 \text{（MPa）}$$

然而如果考慮 x 和 z 方向，則可以畫出如圖中的大莫耳圓，實際的最大剪應力應該是：

$$\tau_{\max} = \frac{87.5 - 0}{2} = 43.75 \text{（MPa）}$$

最大剪應力方向則在 x-z 平面。焊接角度上的剪應力數字，仍應由圖 5-25 中的小圓（表 x-y 平面）上讀出。

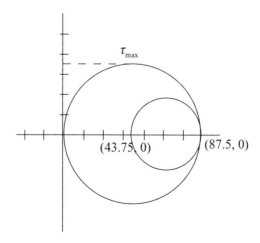

圖 5-25　三維莫耳圓的例子

5.6 結構最大正向應力破壞理論

一、容許應力

　　機械結構的破壞其實是相當複雜的，可能有各種不同的原因，因此也有相當多破壞預測的理論。**材料的機械性質，許多都是以萬能試驗機對材料作拉伸試驗，單軸拉力的狀態下測試得到的**，因此結構破壞預測最簡單、最直接的想法，便是考慮結構受到單軸拉力的狀態下，**如果最大正向應力大於材料的「容許應力（allowable stress）」，便預測會產生破壞**。這樣的破壞預測，稱作「**最大正向應力破壞理論（maximum normal stress theory of failure）**」。

二、降伏強度

　　至於材料的容許應力是多少，也隨著材料性質的不同和實際設計上的考慮而有所不同。**脆性材料破壞通常是直接斷裂，因此容許應力通常考慮採用材料的「抗拉強度（ultimate strength, S_u）」；延展性材料的破壞模式通常是先產生降伏（yield）造成永久變形，而非直接斷裂，因此考慮容許應力時通常採用材料的「降伏強度（yielding strength, S_y）」。**

　　但是把容許應力直接設定在 S_u 或 S_y，似乎相當冒險，設計上考慮材料的破壞時的容許應力，通常還會加入一個「**設計係數（design factor）**」N，或者稱作「**安全係數（safety factor）**」，將容許應力比較保守地設定在 $\dfrac{S_u}{N}$ 或者 $\dfrac{S_y}{N}$。

　　設計係數的考量，主要是因為在做應力計算時，設計者對材料的性質、材料的品質及結構所受到負荷的大小，都可能存在相當程度的不確定性，加上應力計算所使用的公式，相對於真實負載情況，也難免做了某種

程度的簡化。因此設計者必須訂出適當的設計係數，來補償整個應力計算上的不確定。

三、設計係數──安全係數（Safety Factor）

　　設計係數的訂定和設計者對問題的了解與信心有關，通常來說設計係數 $N = 3$ 是個合理的數字，也就是說儘管材料有 S_y 的降伏強度，我們僅容許結構應力到達其三分之一。在靜態結構、延展性材料，且設計者對材料的性質、結構所受到負荷的大小、和結構分析的方法，都相當了解時，設計係數可以定在 $N = 2$。相反的，當結構可能受到衝擊形態或其他動態的負荷，使用脆性材料，且設計者對材料性質或結構分析的方法都有很高的不確定時，設計係數可能取在 $N = 4$ 甚至更高。

　　過高的設計係數固然比較「安全」，但也造成結構「過度設計（over design）」，使得結構笨重、浪費材料等。因此在結構設計上，如何能夠提升設計者對問題的了解與對應力計算、材料品質的信心，從而降低設計係數，也是一個值得思考的方向。

四、最大剪應力破壞理論

　　在許多受力狀況下，特別是前面討論到驅動軸受到扭力時，材料破壞往往主要是因為剪應力的作用而產生，這時對機械結構破壞的預測採用**「最大剪應力破壞理論（maximum shear stress theory of failure）」**，可能較為適合。最大剪應力破壞理論其實也並沒有任何特殊之處，這個理論預測**結構內產生的最大剪應力大於材料的容許剪應力時，便會產生破壞**。以延展性材料來說，容許剪應力通常考慮採用材料的**「剪力降伏強度（yielding strength in shear, S_{sy}）」**，也就是認為當機械結構中最大剪應

力時，$\tau_{\max} \geq \dfrac{S_{sy}}{N}$，材料將產生破壞。

在做材料機械性質的測試時，僅是將材料試片作單軸拉伸試驗，求得其降伏強度，並沒有直接測量材料的剪力降伏強度。然而如例題 8 中的討論，材料受到單軸拉伸時，$\tau_{\max} = \dfrac{1}{2}\sigma_y$，可以說明當一個延展性材料試片，在拉伸實驗中開始降伏時，此時試片中的正向應力大小即為材料的降伏強度 S_y，而材料的剪應力降伏強度 S_{sy} 即訂為此時試片中的最大剪應力，同時 $S_{sy} = \dfrac{1}{2}S_y$。

- **壓力容器之最大剪應力破壞**

第 264 頁「3.」中的壓力容器是由 1040° 熱軋鋼捲製而成，材料的降伏強度 $S_y = 290\text{MPa}$，剪應力降伏強度 $S_{sy} = \dfrac{1}{2}S_y = 145\,\text{MPa}$。取設計係數 $N = 3$ 時，依據最大剪應力破壞理論，壓力容器中的最大剪應力 $\tau_{\max} = 43.75\text{MPa} \leq \dfrac{S_{sy}}{N} = \dfrac{145}{3}\text{MPa} = 48.33\text{MPa}$，因此預測不至發生破壞。

五、最大應變能破壞理論

當結構中應力狀態十分複雜，正向應力、剪應力同時存在，前面討論的單純正向應力或單純剪應力的破壞理論都不能完全適用，這時候對機械結構破壞的預測，應該考慮「**最大應變能破壞理論（maximum strain energy theory of failure）**」。

應變能簡單的說就是外界施力於一彈性元件造成形變時所儲存之位能，例如彈性係數 k 的彈簧，在受到外力 F 作用時產生的 $U = \dfrac{1}{2}kx^2 = \dfrac{F^2}{2k}$ 應變能便是。應變 ε 是材料受力時單位長度的變形量，因此單位體積內儲存的應變能為：

$$u = \frac{1}{2}E\varepsilon^2 = \frac{\sigma^2}{2E} \tag{5-24}$$

最大應變能破壞理論是以材料試片作單軸拉伸試驗，在產生降伏時的單位體積應變能為比較基準，這個理論預測**不管在如何複雜的應力狀態下，只要產生的總單位體積應變能大於材料試片作單軸拉伸試驗產生降伏時的單位體積應變能，材料即產生降伏**。根據這個想法，可以推導出在複雜應力狀態下所謂「**等效應力**（equivalent stress）」 σ' 如下：

$$\sigma' = \sqrt{\frac{(\sigma_1 - \sigma_2)^2 + (\sigma_2 - \sigma_3)^2 + (\sigma_1 - \sigma_3)^2}{2}} \tag{5-25}$$

σ' 也被稱作「von Mises 應力」，材料在此等效應力下產生的**總單位體積應變能**，將會大於材料試片作單軸拉伸試驗產生降伏時的單位體積應變能，因此最大應變能破壞理論預測當等效應力 $\sigma' > S_y$ 時，材料即產生破壞。從式（5-25）中可以看出，當 $\sigma_2 = \sigma_3 = 0$ 時，$\sigma' = \sigma_1$，亦即最大應變能破壞理論和最大正向應力破壞理論完全相同。

- 壓力容器之最大應變能破壞

　　第 262 頁「2.」中的壓力容器如果改以最大應變能破壞理論來做破壞預測，由圖 25 的莫耳圓，這個應力狀態下 $\sigma_1 = 87.5\text{MPa}$，$\sigma_2 = 43.8\text{MPa}$，$\sigma_3 = 0\text{MPa}$，等效應力為

$$\sigma' = \sqrt{\frac{(87.5 - 43.8)^2 + (87.5 - 0)^2 + (438 - 0)^2}{2}} = 75.70\text{MPa}$$

同樣取設計係數 $N = 3$ 時，$\sigma' \leq \dfrac{S_{sy}}{N} = \dfrac{290}{3} = 96.67\text{MPa}$，預測仍然不至發生破壞。比較第 264 頁「3.」與第 268「‧」頁，在這個壓力容器的例子中，最大剪應力破壞理論比最大應變能破壞理論要嚴格一些。

六、應力集中現象

1. 在結構幾何形狀上突然有變化的區域，受力時便會造成應力集中的現象。

前面介紹的這些應力計算的基本公式，都是假設結構本身並沒有任何不規則的幾何形狀，但實際結構設計時常常可能必須在結構上挖孔、銑槽，以和其他的零件作配合，以達成功能上的目的，應力集中的現象經常以流體的流場來作類比，例如圖 5-26 是一個平板中央有一個圓孔，受到張力的狀況。如果我們想像應力是一股流動的「應力流（stress flow）」，圖 5-26 中可以看到，在這塊平板的其他部分，應力流都是規則而平順的，但是在靠近圓孔的部分卻突然扭曲起來。如果我們檢視圖 5-26 中 *A-A* 截面上每一點的應力，我們發現遠離圓孔時，應力為定值，稱作「正常應力（nominal stress）」 σ_0，也就是我們用應力計算基本公式所計算出的應力大小，而靠近圓孔時應力逐漸上升，至最大應力 σ_{max}。

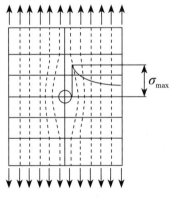

圖 5-26　應力流示意圖

2. 應力集中係數（stress concentration factor, K_t）其定義如下：

$$K_t = \frac{\sigma_{max}}{\sigma_0} \qquad (5\text{-}26)$$

　　應力集中係數 K_t 的大小，很難有理論計算值，通常需要利用查表方式來決定，圖5-27是平板中的圓孔，受到張力作用時的應力集中係數表。

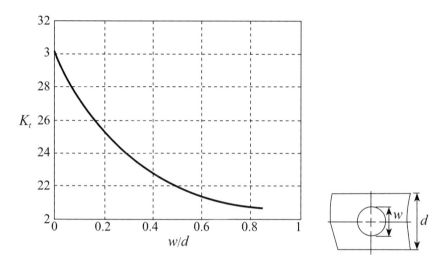

圖 5-27　平板中的圓孔，受到張力作用時的應力集中係數表

　　一長軸經常會設計一個肩部（shoulder），以裝置軸承或其他元件，在這個肩部由於軸徑突然的變化，受到張力或扭矩作用時，也會產生應力集中現象，圖5-28、5-29是在這個應力集中現象下應力集中係數的查表。

　　從圖 5-28、5-29 中可以看出，長軸肩部的應力集中現象，應力集中係數的大小和 r/d、D/d 兩參數有關，肩部圓角愈大，幾何形態的變化愈和緩，應力集中係數愈小，而大徑 D 與小徑 d 的比例愈小，也代表幾何形態的變化愈和緩，應力集中係數愈小。

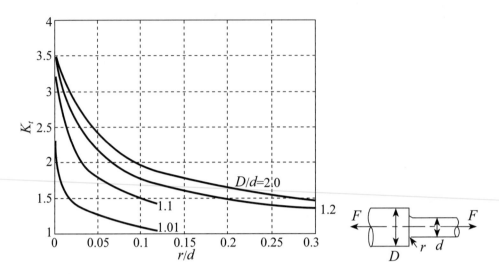

圖 5-28　長軸肩部受張力作用時之應力集中係數

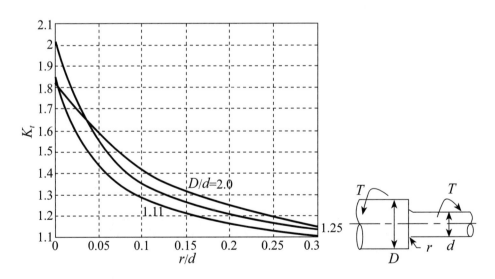

圖 5-29　長軸肩部受扭力作用時之應力集中係數

3. 應力集中的計算

圖 5-30 是一長軸受到 9800N 的張力作用，在軸的肩部會有應力集中的現象。

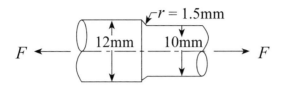

圖 5-30　一長軸受到張力作用

這支長軸上 $\dfrac{D}{d}=\dfrac{12\text{mm}}{10\text{mm}}=1.20$，$\dfrac{r}{d}=\dfrac{1.5\text{mm}}{10\text{mm}}=0.15$，從圖 5-28 可以查出應力集中係數 $K_t=1.60$，長軸截面積 $A=\dfrac{\pi d^2}{4}=\dfrac{|(\pi)(10\text{mm})^2|}{4}=78.5\text{mm}^2$，因此；$\sigma_{\max}=K_t\sigma_0=\dfrac{K_t F}{A}=\dfrac{1.60(9800\text{N})}{78.5\text{mm}^2}=199.6\text{MPa}$。

七、反覆形式負荷的設計

1. 反覆應力

在前面幾節對機械結構應力計算的討論，我們都著重在靜態負載，事實上除了靜態負載之外，許多機械結構所承受的負載均為反覆形式負載。例如第 247 頁「三、」中所討論的齒輪軸，受到與軸方向互相垂直的剪力作用，在第 247 頁「三、」中齒輪軸運轉的某一瞬間，我們可以計算出其彎矩所造成的彎曲應力的大小，這個彎曲應力對軸上方表面的某一點是壓應力，而對軸下方表面的某一點是張應力。然而考慮軸不斷旋轉的狀上某一點的應力狀態，也不斷作壓應力－張應力－壓應力－張應力的轉換，這樣的應力狀態，叫做「**反覆應力（alternating stress）**」。

2. 反覆應力與疲勞測試

　　一般來說我們需要四個應力數值才能描述反覆應力的狀態：最大應力 σ_{max}、最小應力 σ_{min}、「平均應力（mean stress）」σ_m、和「應力振幅（stress amplitude）」σ_a。其中**平均應力 σ_m 可以代表反覆應力狀態中靜態的部分**，而**應力振幅 σ_a 則可代表反覆應力狀態中動態的部分**。圖 5-31 是典型的反覆應力狀態下，結構上某一點的應力大小對時間的關係圖，其中 σ_m、σ_a 與最大應力 σ_{max}、最小應力 σ_{min} 之關係式如下：

$$\sigma_m = \frac{(\sigma_{max} + \sigma_{min})}{2} \tag{5-27}$$

$$\sigma_a = \frac{(\sigma_{max} - \sigma_{min})}{2} \tag{5-28}$$

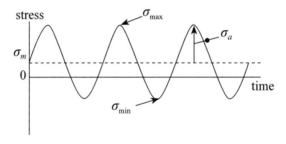

圖 5-31　典型的反覆應力狀態下，結構上某一點的應力大小對時間的關係圖

3. 疲勞破壞

　　在這種反覆應力狀態下，材料的破壞模式也和靜態負載不同，不是直接斷裂或降伏，而是一種「疲勞破壞（fatigue failure）」。和材料的抗拉強度、降強度相似，疲勞破壞也有所謂「疲勞強度（fatigue strength）」，但是**疲勞破壞最大的特徵，就是在結構應力超過疲勞強度時，材料並不會立即產生破壞而是在反覆受力超過一定的次數後，才會發生破壞**，許多受到動態負荷的機械結構上發生破壞，都是屬於這種疲勞破壞的形式。

因此在做結構的設計、分析以及破壞預測時，材料的疲勞強度和材料的抗拉強度、降伏強度為同等重要的性質。「**疲勞測試（fatigue test）**」就是為了測量材料的疲勞強度以預測疲勞破壞而設計的實驗，圖 5-32 是疲勞測試實驗設備的示意圖，旋轉軸中段的試片受到一方向向下的負載，使試片產生彎曲應力，旋轉軸旋轉試片即處在完全反覆應力的狀態下，其應力型態如圖 5-33 所示，注意其平均應力 $\sigma_m = 0$，是一種「完全反覆（repeated and reverse）」的應力狀態。

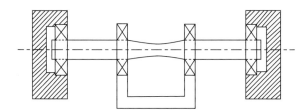

圖 5-32　疲勞測試實驗設備的示意圖

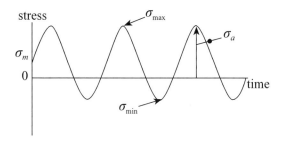

圖 5-33　疲勞測試實驗中，試片處於完全反覆應力的狀態

在疲勞測試實驗中，給定一個負載之後，可計算出試片上應力的大小，然後開始旋轉並計數材料試片在此完全反覆應力狀態下，旋轉至斷裂所需的轉數，重複這個程序，搜集許多組「應力—轉數」數據，便可以繪出如圖 5-34 之「S-N 圖」。

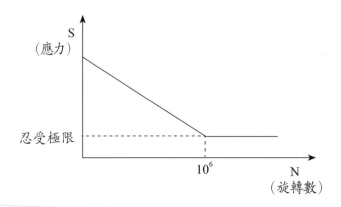

圖 5-34　疲勞測試實驗測量材料的忍受限

4. 忍受極限強度

　　圖 5-34 之 *S-N* 圖橫座標是應力反覆次數，縱座標是疲勞強度，注意這裡疲勞強度並非單一數值，而是每一個反覆次數值都有一個對應的疲勞強度，像是曲線最左邊與縱交點的應力數值是材料的抗張強度 S_{ut} 時，負荷僅能施加一次材料就破壞了，應力減小時，所能反覆施加的次數也逐漸上升，直到應力低於某一個值時，**試片反覆轉動無限多次（如 10^6 轉），材料也不會產生破壞，這個應力值就稱作材料的「忍受極限強度（endurance limit strength, S_n）」。**

　　材料的忍受限完全是由疲勞測試實驗而來，因此幾乎都是以查表的方式求得。有學者分析了大量的相關數據，認為材料忍受限的大小，和材料的抗張強度有直接的相關性（Mischke, 1987），對於鋼鐵材料，推導了如下的關係，可以非常簡單地由材料的抗張強度預測材料忍受限的大小：

$$S_n = \begin{cases} 0.504S_{ut} & S_{ut} \le 1400\text{MPa} \\ 700\text{MPa} & S_{ut} > 1400\text{MPa} \end{cases} \tag{5-29}$$

這裡要注意的是，S_n 是指疲勞測試實驗中測試試片的忍受限，這個試片直徑 10mm 左右，受到反覆的彎曲應力，而在實際設計應用上，如材料的尺

寸、不同的應力形態等，都會影響到忍受限的大小，需要一連串的修正，才能得到適合設計狀況的忍受限值，這個值這裡用 S'_n 表示。

5. 疲勞破壞的預測

反覆形態的應力所造成疲勞破壞的預測，常用所謂「Soderberg 要件（Soderberg's Criterion）」。反覆形態的應力基本上可以分成「靜態」和「動態」兩個部分，如前所述，靜態部分的應力可以用平均應力 σ_m 來描述，而動態部分的應力則可以用應力振幅 σ_a 來描述。圖 5-35 是 Soderberg 要件的基本想法，如果是純靜態的應力狀況，$\sigma_{max} = \sigma_{min} = \sigma_m$，我們只須考慮橫軸，比較 σ_m 和材料降伏強度 S_y 的大小，與最大正向應力破壞理論完全相同。如果是完全反覆形態的應力（如圖 5-33 中疲勞測試實驗試片的狀態），則僅需考慮縱軸，比較應力振幅 σ_a 與設計狀況的忍受限值 S'_n 的大小，來預測材料是否會發生破壞。

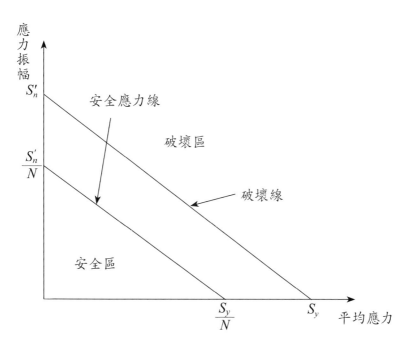

圖 5-35 Soderberg 要件示意圖

　　如果在一反覆應力狀態下，動態和靜態的部分同時存在，如圖 5-35 所示，我們可以在橫軸 S_y 和縱軸 S'_n 兩點之間畫一直線（考慮安全係數時，則在橫軸 S_y/N 和縱軸 S'_n/N 兩點之間畫一直線），某特定反覆應力狀態可以在圖上以 (σ_m, σ_a) 來表示，如果這個點落在此直線之內時，可以預測此應力狀態為安全，相反的如果此點落在直線之外，則可以預測會有破壞產生。除了 Soderberg 要件外，其他預測疲勞破壞的如「Goodman 要件（Goodman's Criterion）」和「Gerber 要件（Gerber's Criterion）」也是類似的概念，但是並非以直線連接橫軸 S_y 和縱軸 S'_n 兩點，而採用其他類型的曲線。

八、側潰的破壞

　　前面兩節中提到的幾種機械結構應力破壞模式，這一節中要討論另一種不屬於應力破壞的結構破壞模式，叫做「側潰（buckling）」。

1. 長柱側潰的現象

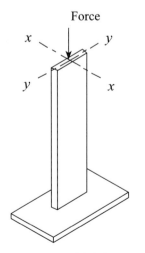

圖 5-36　　長柱側潰的現象

如圖 5-36 所示，利用一支塑膠製的米達尺，兩端施加壓力，很容易可以觀察到側潰的現象。施加壓力稍大時，壓力施加方向很難完全保持在米達尺的同一平面上，米達尺會向側面產生極大的變形，這便是側潰的現象。側潰通常發生在「長柱（column）」受到壓力時，儘管壓應力大小還不至於造成破壞，然而由於結構的「彈性不穩定性（elastic instability）」，會產生側潰的現象而導致結構破壞。

結構側潰發生時，結構的變形已不是如式（5-4）：$\delta = \dfrac{FL}{EA}$ 的小變形量計算，而是立即產生相當大的變形，甚至造成結構整體崩潰，是比應力破壞還要致命的破壞模式。因此在機械結構設計上發現有長柱受到大壓力的情況，必須非常注意避免側潰的發生。

結構側潰和哪些條件有關係呢？很顯然的，長柱愈細、愈長，愈容易發生側潰。圓形截面長柱的粗細，當然可以直接由其半徑來判定，但如果截面是方形或其他不規則形狀，就必須定義一個新的截面性質叫做「迴旋半徑（radius of gyration）」如下：

$$r = \sqrt{\dfrac{I}{A}} \qquad\qquad (5\text{-}30)$$

圖 5-37 是幾種常見截面迴旋半徑的計算。很顯然的，長柱的迴旋半徑愈小，愈容易產生側潰。

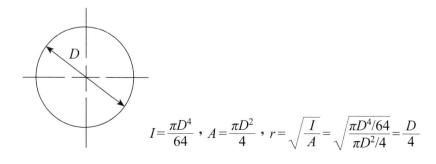

$$I = \frac{\pi D^4}{64} \text{,} \quad A = \frac{\pi D^2}{4} \text{,} \quad r = \sqrt{\frac{I}{A}} = \sqrt{\frac{\pi D^4/64}{\pi D^2/4}} = \frac{D}{4}$$

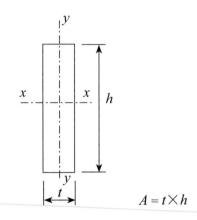

$$x\text{-}x \ \text{方向}：I = \frac{th^3}{12}，r = \sqrt{\frac{I}{A}} = \sqrt{\frac{th^3/12}{th}} = \sqrt{\frac{h^2}{12}} = 0.289h$$

$$y\text{-}y \ \text{方向}：I = \frac{ht^3}{12}，r = \sqrt{\frac{I}{A}} = \sqrt{\frac{ht^3/12}{th}} = \sqrt{\frac{t^2}{12}} = 0.289t$$

圖 5-37　圓形與矩形截面長柱的迴旋半徑

　　圖 5-37 中矩形截面的 *x-x* 方向與 *y-y* 方向是依據圖 5-36 的標示。從這個圖中可以看到，矩形截面長柱在 *x-x* 方向和 *y-y* 方向的迴旋半徑不同，如圖 5-37 中矩形截面 *y-y* 方向的迴旋半徑較小，因此較容易在這個方向產生側潰，例如對一支米達尺施加壓力，你可以觀察到，一定是在薄的方向產生側潰。

　　另外前面提到長柱愈長愈容易產生側潰，然而長柱兩端的邊界狀態也有很大的影響，同樣長度的長柱，邊界條件不同時，受到壓力產生側潰的變形模式不一樣。例如圖 5-38 中，長柱兩端是梢接（pinned）時（圖 5-38(a)），可自由變形的長度就大於兩端是固定時的變形長度（圖 5-38(b)）。

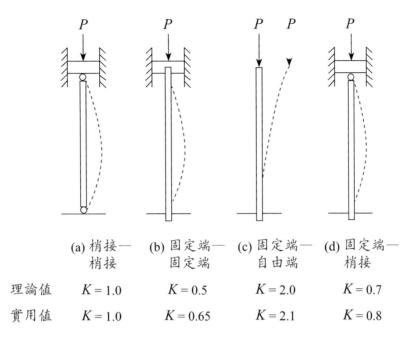

	(a) 梢接— 梢接	(b) 固定端— 固定端	(c) 固定端— 自由端	(d) 固定端— 梢接
理論值	$K = 1.0$	$K = 0.5$	$K = 2.0$	$K = 0.7$
實用值	$K = 1.0$	$K = 0.65$	$K = 2.1$	$K = 0.8$

圖 5-38　不同邊界條件時，長柱側潰的有效長度也不同

　　所以在做長柱側潰計算時，定義長柱側潰的「有效長度（effective length）」如下：

$$L_e = KL \qquad (5\text{-}31)$$

　　至此我們了解，在討論長柱側潰的現象時，**長柱有效長度愈長、迴旋半徑愈細，愈容易發生側潰**。當然長短、粗細都是相對的量，一長柱是否容易發生側潰，可以綜合定義一個長柱的「**纖細比（slenderness ratio）**」如下：

$$纖細比 = \frac{L_e}{r_{min}} = \frac{KL}{r_{min}} \qquad (5\text{-}32)$$

其中 r_{min} 代表整個長柱中最小迴旋半徑值。

2. 臨界負荷

　　長柱側潰的預測不是以應力大小為基準，而是以整體壓力負載大小來決定，對一長柱逐漸增加壓力，直到其產生側潰時，此時的壓力稱作「臨界負荷（critical load）」，也就是說，長柱受到壓力大於臨界負荷時，即會產生側潰。長柱側潰臨界負荷 P_{cr} 的大小可以用「尤拉公式（Euler Formula）」來計算：

$$P_{cr} = \frac{\pi^2 EA}{(KL/r)^2} \qquad (5\text{-}33)$$

　　由尤拉公式中可以觀察到，**長柱側潰的臨界負荷和材料的強度，如材料的抗拉強度、降伏強度完全無關，僅和材料的彈性模數，也就是材料的剛性有關**。因此只要是鋼，不管是低碳鋼或是經過熱處理的合金鋼，儘管材料對應力抵抗的強度可能有很大的差異，然而材料的剛性相同，因此側潰的臨界負荷完全相同，也就是說，如果判定結構主要破壞模式是側潰，以便宜的低碳鋼和昂貴的合金鋼結構上的性能表現完全相同。

　　圖 5-39 中以纖細比為橫軸，$\frac{P_{cr}}{A}$ 為縱軸，將尤拉公式畫於其上。從圖上可以看出，長柱的纖細比愈小，側潰的臨界負荷愈大，愈不容易產生側潰，然而纖細比趨近於零時，臨界負荷趨近於無限大，這自然也是不合理的。當長柱內的壓應力 $\frac{P_{cr}}{A}$ 接近甚至大於 S_y 時，材料會因產生降伏而破壞，因此在曲線上 $\frac{P_{cr}}{A}$ 接近 S_y 的部分，也就是**纖細比較小的「短柱（short column）」，尤拉公式並不適用**。此時受到壓力時的破壞，比較類似於一般壓應力破壞，而**臨界負荷的大小則是用以下的「J. B. Johnson公式」**來計算：

$$P_{cr} = AS_y\left[1 - \frac{S_y(KL/r)^2}{4\pi^2 E}\right] \qquad (5\text{-}34)$$

其中 A 是短柱的截面積。由於短柱受到壓力的破壞比較接近一般壓應力破壞，因此其臨界負荷的大小，除了和纖細比、材料剛性相關之外，也和材料的強度 S_y 有關。當纖細比趨近於零時，短柱的臨界負荷 P_{cr} 趨近於 AS_y，也就是 $\dfrac{P_{cr}}{A}$ 接近 S_y 時即產生單純壓應力的破壞。

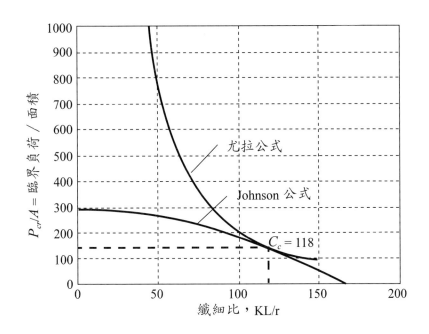

圖 5-39　長柱臨界負荷計算公式曲線

　　至於長柱、短柱如何區分，何時應用尤拉公式計算側潰的臨界負荷？何時應用 J. B. Johnson 公式來計算？圖 5-39 中把兩個公式同時畫在圖上，可以看到兩條曲線有一個交點，這個交點叫做「長柱常數（column constant）」，可以由式（5-33）、（5-34）聯立求解導出：

$$C_c = \sqrt{\dfrac{2\pi^2 E}{S_y}} \tag{5-35}$$

例如 1040 熱軋鋼，材料的彈性模數 $E = 207\text{GPa}$，降伏強度 $S_y =$

290MPa，代入式（5-35）中可得臨界負荷 $C_c = 118$。

　　因此在做長柱計算時，如果纖細比大於長柱常數 C_c，應採用尤拉公式計算其側潰的臨界負荷，而纖細比小於 C_c 時，則應用 J. B. Johnson 公式來計算其臨界負荷。

第六章　　材料力學試題集錦

6.1　梁之應力

一、靜定梁：簡支梁、懸臂梁和外伸梁，支承之未知反力可直接由靜力學平衡方程式求得，稱爲靜定梁。

二、靜不定梁：連續梁及固定梁，支承之未知反力無法直接以靜力學之平衡方程式 $\Sigma F_x = 0$，$\Sigma F_y = 0$，$\Sigma M = 0$ 三個方程式求得，故稱爲靜不定梁。

三、剪力符號：剪力對自由體的趨勢者稱爲正剪力，反之爲負剪力。

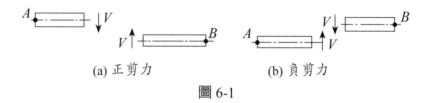

(a) 正剪力　　　　　　(b) 負剪力

圖 6-1

四、彎曲力矩符號：彎曲力矩使梁向上之彎曲趨勢者爲正彎曲（＋），反之使梁有向下之彎曲趨勢者爲負彎曲（－）如圖 6-2。

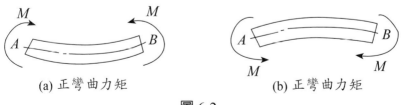

(a) 正彎曲力矩　　　　　　(b) 正彎曲力矩

圖 6-2

五、梁受載負荷破壞的危險斷面在最大彎矩處，懸臂梁在固定端。

六、簡支梁的危險斷面在剪力圖之剪力由正變負，或由負變正之斷面上（此時爲最大剪力值）。

四種基本梁的最大彎曲力矩（M_{max}）：

1. 懸臂梁，自由端承受一集中負荷 P 時 M_{max} 在固定端。

2. 懸臂梁，承受均勻分布負荷 W 時 M_{max} 在固定端。

3. 簡支梁，中點承受一集中負荷 P 時 M_{max} 在中點。

4. 簡支梁，承受均勻分布負荷 W 時 M_{max} 在中點。

七、剪力圖與彎矩圖繪圖技巧；如下

1. 剪力圖畫法：荷重圖的面積：兩點間剪力差。

2. 彎矩圖畫法：剪力圖的面積 = 兩點間彎矩差。

3. 剪力圖：由左邊畫，往力的箭頭方向。

4. 剪力圖：由右邊畫，往力的箭頭反方向。

(1) 懸臂梁集中負荷　　　　　　　(2) 懸臂梁均布負荷

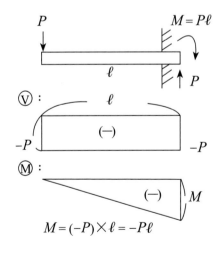

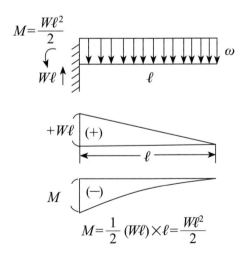

(3) 簡支梁集中負荷

(4) 簡支梁均布負荷

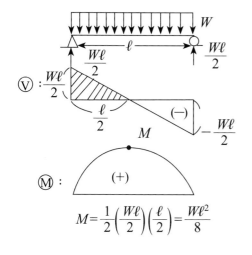

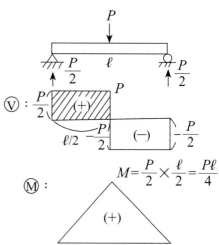

例題 1

如圖所示之梁，計算 D 點之剪力。

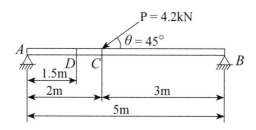

解：

以整根梁為自由體；$\Sigma M_B = A_y \times 5 - (4.2\sin45°) \times 3 = 0$

$\therefore A_y = 1.8\text{kN}\ (\uparrow)$

所謂梁中某一點之剪力，即為該點內外力之和

$\therefore V_D = 1.8\ (\text{kN})$

例題 2 ✎ ─────────────────────────────────────

如圖所示之梁，試求其危險截面的位置距 A 點。

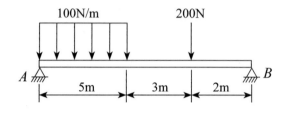

解：

$\sum M_A = 0$，$-500 \times 0.25 - 200 \times 8 + 10R_B = 0$

$\therefore R_B = 285$（↑）

$\sum F_y = 0 \Rightarrow R_A = 415$（↑）

危險截面 $= \dfrac{415}{100} = 4.15$（m）（距 A 點右方）

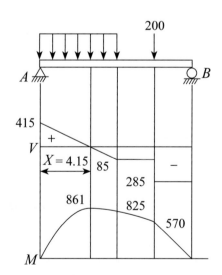

例題 3 ✐

如圖所示，梁之固定端的彎矩為？

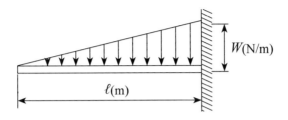

解：

$$M_{max} = -\frac{1}{2}W\ell \times \frac{1}{3}\ell = -\frac{1}{6}W\ell^2 \text{（N-m）}$$

例題 4 ✐

如圖所示之梁，一長度為 ℓ 的懸臂梁，承受單位均布負載 W 之作用，則其最大剪力為？

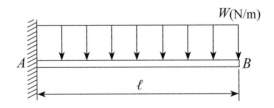

解：

最大剪力發生在固定端且 $V_{max} = W \times \ell$

例題 5 ✐————————————————

如圖所示簡支梁長 4m，在 D 截面距中立軸 8cm 處之剪應力為？

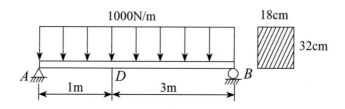

解：

$V_D = 2000 - 1000 = 1000$（N）

$Q = 18 \times 8 \times 12 = 1728$（cm³）

$I = \dfrac{18 \times 32^3}{12} = 49152(\text{cm}^4)$

$\therefore \tau = \dfrac{vQ}{bI} = \dfrac{1000 \times 1728}{49152 \times 18} = 1.95$（N/cm²）$= 0.0195$（MPa）$= 19.5$（kPa）

例題 6 ✐————————————————

有一簡支梁之斷面為長方形，其中央位置上受集中負荷 P 作用，如圖所示，若容許彎曲應力為 700kPa，容許剪應力為 110kPa，則 P 之安全值為？

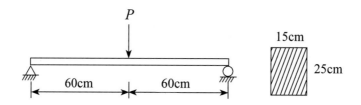

解：

$\sigma = 700\text{kPa} = 0.7\text{MPa} = 0.7\text{N/mm}^2 = 70\text{N/cm}^2\ \tau = 110\text{kPa} = 11\text{N/cm}^2$

由 $M = \sigma Z$ 得 $1/4 \times P \times 120 = 70 \times ((15 \times 25^2)/6)$

$\therefore P = 3645$（N）

由 $\tau_{\max} =$ 得 $(3\text{V}/2\text{A}) \times 11 = (3 \times p/2)/(2 \times 15 \times 25)$

$\therefore P = 5500$（N）　故安全值爲最小負荷 3645N

例題 7 ✎ ─────────────────────────

如圖所示，爲一方形斷面 $b \times b$，試求在 *A-A* 斷面所受之最大剪應力。

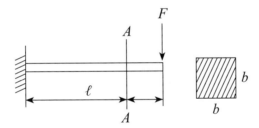

解：

$A-A$ 斷面　$V = F$　$\tau = \dfrac{3\text{V}}{2\text{A}} = \dfrac{3F}{2b^2}$

例題 8 ✎ ─────────────────────────

如圖所示，一懸臂梁之自由端受集中負荷 $P = 500\text{N}$ 及 $M = 800\text{N-m}$，則其固定端所受之彎矩爲？

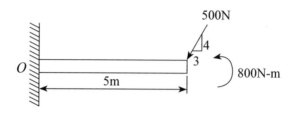

解：

$$\Sigma M = -500 \times \frac{4}{5} \times 5 + 800 = -1200 \text{（N-m）}$$

例題 9

如圖所示之簡支梁，200N-m 之力矩作用於中點，則 A 點之反力為？
（請讀者自行計算）

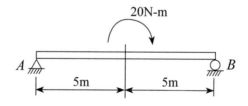

例題 10

所示之簡支梁，於集中負荷左側之斷面剪力為？

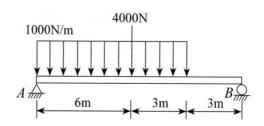

解：

$$R_A = \frac{4000 \times 6 + 9000 \times (3 + 4.5)}{12} = 7625 \text{（N）}$$

$$\Sigma F_y = 0 \Rightarrow 7625 - 6000 - V = 0$$

$$\therefore V = 1625 \text{（N）}$$

例題 11

承受均勻分布力 W 之作用，若 W 為 100N/m，試求最大彎曲力矩為若干？

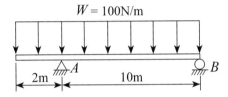

解：

(1) 求反力由 $\Sigma M_B = 0$

$\quad R_A \times 10 - (100 \times 12) \times 6 = 0$

$\quad \therefore R_A = 720 \text{（N）} \quad R_B = 480 \text{（N）}$

(2) 畫剪力圖及彎矩圖

(3) 由剪力圖矩 $V_{max} = 520$ 且 K 點距 B 點 $x = \dfrac{480}{100} = 4.8\text{m}$ 由彎矩圖知

$\quad M_1 = 480 \times 4.8 - 100 \times 4.8 \times \dfrac{4.8}{2} = 1152 \text{（kg-m）}$

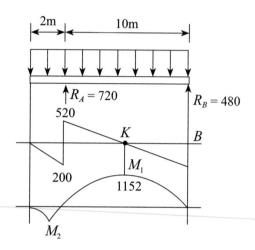

例題 12

如圖所示之簡支梁，試求 mn 截面之剪力大小。

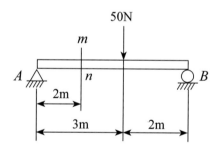

解：

$\Sigma M_B = 0 \Rightarrow R_A \times 5 - 50 \times 2 = 0$

$R_A = 20$ 切 mn 斷面之自由體圖

$V = \Sigma R = 20$（N）

例題 13 ✐

如圖所示，AC 部分承受均布負荷之簡支梁 AB，則 C 點的彎矩爲？

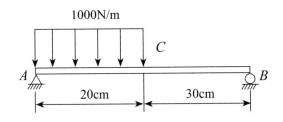

解：

$\Sigma M_B = 0 \Rightarrow -R_A \times 0.5 + 200 \times 0.4 = 0 \Rightarrow R_A = 160$

$M_C = 160 \times 0$

$200 \times 0.1 = 12$（N-m）

例題 14 ✐

如圖所示之梁，梁在 m 截面上之剪力爲 V_m，則 V_m 之大小和方向爲若干？

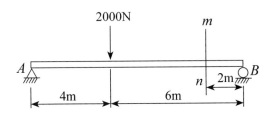

解：

$\Sigma M_B = 0 \Rightarrow -R_A \times 10 + 2000 \times 6 = 0 \quad R_A = 1200 \ (\uparrow)$

切 mn 之自由體圖

$$V = \Sigma R = 1200 - 2000 = -800 \ (\text{N})$$

例題 15 ✐

如圖所示，截面相等之圓形截面與圓環形截面梁，圓環內徑爲外徑之 0.7 倍，則圓環形截面梁爲圓形截面梁強度之若干倍？

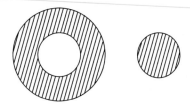

解：

$$I_1 = \frac{\pi}{64}(D_o^4 - D_i^4) = 0.0373 D_o^4 \qquad Z_1 = \frac{0.0373 D_o^4}{\dfrac{D_o}{2}} = 0.0746 D_o^3$$

$\because$ 面積相等故 $d = 0.714 D_o \qquad Z_2 = \dfrac{\pi d^3}{32} = 0.0982 d^3$

$$\therefore \frac{M_1}{M_2} = \frac{S \times Z_1}{S \times Z_2} = \frac{0.0746 D_o^3}{0.0982 d^3} = 2.08$$

例題 16 ✐

如圖所示，梁之截面爲矩形，寬 8cm，高 10cm，梁重不計，則其最大剪應力爲？

解：

$\because V_{\text{max}} = 400$

$$\tau_{\text{max}} = \frac{3V}{2A} = \frac{3 \times 400}{2 \times 80 \times 100} = 0.075 \ (\text{MPa}) = 75 \ (\text{kPa})$$

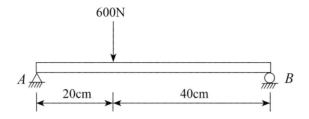

例題 17

以相同大小面積之木材製成如圖所示之箱型及矩形，若木材容許應力為 1MPa，則所能抵抗彎矩之比為？

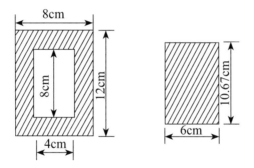

解：

$$I_1 = \frac{8 \times 12^3}{12} - \frac{4 \times 8^3}{12} = 981.3 \ (\text{cm}^3) \qquad Z_1 = \frac{981.3}{6} = 163.6 \ (\text{cm}^3)$$

$$\frac{M_1}{M_2} = \frac{\sigma \times Z_1}{\sigma \times Z_2} = \frac{163.6}{\dfrac{6 \times 10.67^2}{2}} = 1.44$$

例題 18

如圖所示之懸臂梁受集中負荷作用，若許可應力為 2MPa，則斷面尺寸至少應為？

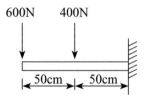

解：

$$M_{max} = 600 \times 100 + 400 \times 50 = 80000 \ (\text{N-cm})$$

$$\sigma = 2\text{MPa} = 2\text{N/mm}^2 = 200\text{N/cm}^2$$

$$\delta = \frac{M_y}{I} \Rightarrow 200 = \frac{80000 \times \dfrac{b}{2}}{\dfrac{b^4}{12}} \Rightarrow b = 13.4$$

例題 19 ✐ ————————————————————————————————

D 為圓桿，直徑為 6cm，則在兩桿中所產生之最大的彎曲應力為多少
MPa？

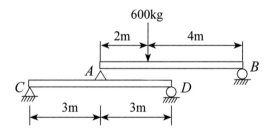

解：

$$\sigma_{max} = 800 \ (\text{N-m})$$

$$\sigma = \frac{M_y}{I} = \frac{800 \times 100 \times 3}{\dfrac{\pi \times 3^4}{64}} = 3770 \ (\text{N/cm}^2) = 37.7 \ (\text{MPa})$$

例題 20 ✐————————————————————

如圖所示之外伸梁，受純彎矩作用，試求其最大抗彎應力為若干？（設 $E = 200\text{GPa}$）

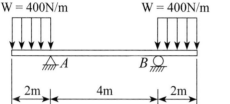

解：

$$M_{\max} = \frac{1}{2} \times 2 \times 800 = 800 \, (\text{N-m})$$

$$\sigma = \frac{M_y}{I} = \frac{(800 \times 100) \times 5}{\dfrac{12 \times 10^3}{12}} = 400 \, (\text{N/cm}^2) = 4 \, (\text{MPa})$$

例題 21 ✐————————————————————

如圖所示外伸梁，試求 AB 段之曲率半徑為多少？（設 $E = 2.1 \times 10^6 \text{kg/cm}^2$）

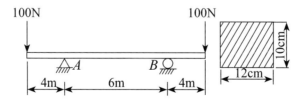

解：

$$\frac{1}{\rho} = \frac{M}{EI} \Rightarrow \frac{1}{\rho} = \frac{400 \times 100}{2.1 \times 10^6 \times \dfrac{12 \times 10^3}{12}}$$

$$\rho = 52500 \text{（cm）} = 525 \text{（m）}$$

例題 22 ✦

兩材料相同之正方形梁和圓形梁，若可承受相同之最大彎矩，則正方形梁之邊長立方與圓形梁之直徑立方二者比值約爲？

解：

$\because M = \sigma \times Z_1 = \sigma \times Z_2$

$\therefore Z_1 = Z_2$　即 $\dfrac{a^3}{6} = \dfrac{\pi d^3}{32}$，$\dfrac{a^3}{d^3} = \dfrac{6\pi}{32} = 0.6$

6.2　剪力

例題 1 ✦

一材料受互相垂直的雙軸向應力作用，如圖所示，試求 *mn* 截面上的正交應力爲？

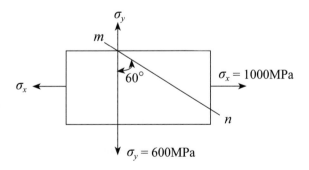

解：

莫耳圖　$\sigma_n = 800 - 200\cos 60° = 700 \text{（MPa）}$

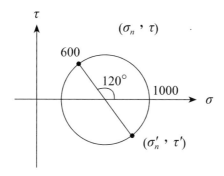

例題 2 ✏

一方形斷面之木棒，由兩部分沿 ab 面膠合在一起，若斷面為 6cm×6cm，如圖所示，若膠合強度為 360MPa，則欲將其剪離，則 P 力為？

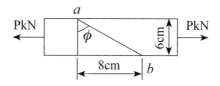

解：

$\tau = 360\text{MPa} = 360\text{N/mm}^2 = 3.6\text{N/cm}^2$

$\tau = \dfrac{P}{A} \Rightarrow 3.6 = \dfrac{\dfrac{4}{5} \times P}{6 \times 10} \Rightarrow P = 270\ (\text{N})$

例題 3 ✏

如圖所示之軟鋼方塊其剪割彈性係數 $G = 90\text{GPa}$，則其剪應變為若干？

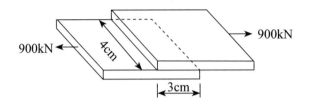

解：

$$\tau = \frac{P}{A} = \frac{900}{3 \times 4} = 75(\text{kN/cm}^2) = 0.75 \ (\text{kN/cm}^2)$$

$$\tau = G \times \gamma \Rightarrow 0.75 = 90 \times \gamma \Rightarrow \gamma = 8.3 \times 10^{-3}$$

例題 4

如圖所示之輪徑 30cm、軸徑 3cm、鍵尺寸為 4cm×0.5cm，若 T_1 = 1000N、T_2 = 300N，若鍵之 G = 70GPa，則其剪應變為若干弧度？

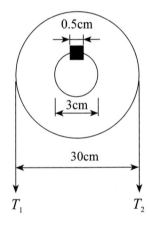

解：

$(1000 - 300) \times 15 = P \times 1.5$

$P = 7000 \ (\text{N})$

$\tau = P/A = 7000/5 \times 40 = 35 \ (\text{N/mm}^2)$

$\tau = G \times \gamma \Rightarrow 35 = 70 \times 1000 \times \gamma \Rightarrow \gamma = 1/2000 \ (\text{rad})$

例題 5

一材料受互相垂直的雙軸向雙力，如圖所示，試求 mn 截面之餘剪應力為？

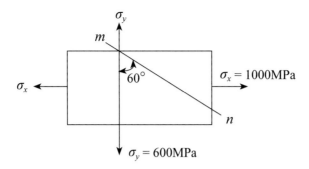

解：

莫耳圖　$\tau' = -200\sin 60° = -100\sqrt{3}$（MPa）

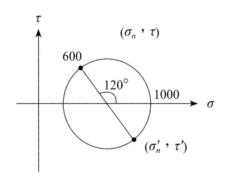

例題 6 ✏ ────────────────────

如圖所示，兩支直徑 8mm 之螺
釘連接兩板，如受力 $P = 1256$N
之作用，則每一螺之剪應力為？

解：

$\tau = \dfrac{1256}{2 \times \dfrac{\pi}{4} \times (8)^2} = 12.5$（N/cm²）

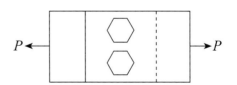

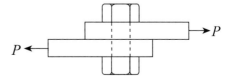

例題 7 ✐

一材料受到雙軸向之拉應力作用，如圖所示，已知 $\sigma_x = 2000\text{MPa}$，$\sigma_y = 800\text{MPa}$，若僅考慮 *x-y* 二度空間之應力與應變，試求此材料所受到之最大剪應力。

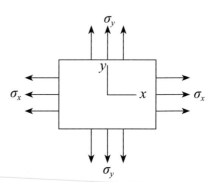

解：

$$\tau_{\max} = \frac{1}{2}\,(\sigma_x - \sigma_y) = \frac{1}{2}(2000 - 800) = 600 \text{（MPa）}$$

例題 8 ✐

如圖所示為一直徑 *d* 之衝頭，欲打穿之板厚 $t = 10\text{mm}$，$d = 30\text{mm}$，剪應力為 300N/mm²，則壓縮負荷 *P* 為？

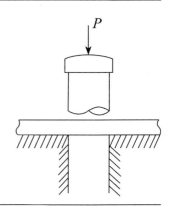

解：

$$\tau = \frac{P}{A} \Rightarrow 300 = \frac{P}{\pi \times 30 \times 10}$$

$$P = 90000\pi\,(\text{N}) = 90\pi\,(\text{kN})$$

例題 9 ✐

如圖所示為一直徑 *d* 之衝頭，欲打穿之板厚 $t = 10\text{mm}$，$d = 30\text{mm}$，剪應力為 300N/mm²，則壓縮應力為？

解：

$$\tau = \frac{P}{A} \Rightarrow 300 = \frac{P}{\pi \times 30 \times 10}$$

$$P = 90000\pi \text{（N）}$$

$$\sigma_c = \frac{P}{A} = \frac{90000\pi}{\frac{\pi}{4} \times 30^2} = 400 \text{（N/mm}^2\text{）}$$

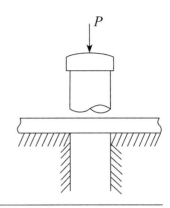

例題 10 ✐

如圖所示，一 10cm 正方形斷面短木柱，承受 500kN 之壓力，在斜截面 *mn* 上之剪應力 τ 為？

解：

$$\tau = \frac{P}{A} = \frac{\frac{3}{5} \times 500 \times 1000}{\left(\frac{5}{4} \times 100\right) \times 100} = 24 \text{（N/mm}^2\text{）}$$

$$= 24 \text{（MPa）}$$

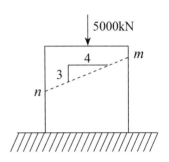

例題 11 ✐

有一長方體，長、寬、高分別為 50mm、40mm、30mm，有一面固定於地上，如圖所示，今以 4000N 之 *P* 力推之，則其剪應力為何？

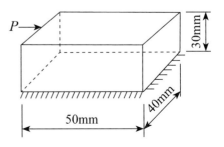

解：

$$\tau = \frac{P}{A} = \frac{4000}{50 \times 40} = 2 \text{（MPa）}$$

例題 12

如圖所示，一直徑 2cm 之圓軸把手，用一 0.5cm×4cm 之方鍵結合，若鍵之容許剪應力為 8.4GPa，試求 P 之容許值為若干 kN？

解：

$\tau = 8.4\text{GPa} = 8.4\text{kN/mm}^2$

$$\tau = \frac{F}{A} \Rightarrow 8.4 = \frac{F}{5 \times 40} \Rightarrow F = 1680 \text{（kN）}$$

$$1680 \times 1 = P \times 24 \Rightarrow P = 70 \text{（kN）}$$

例題 13

如圖所示之輪徑 30cm、軸徑 3cm、鍵尺寸為 4cm×0.5cm，若 $T_1 = 1000\text{N}$、$T_2 = 300\text{N}$，則作用於鍵上之剪應力為若干？

解：

$$F \times 1.5 = (1000 - 300) \times 15 \Rightarrow F = 7000 \text{（N）}$$

$$\tau = \frac{P}{A} = \frac{7000}{5 \times 40} = 35 \text{（N/mm}^2\text{）}$$

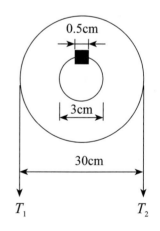

例題 14 ✐

如圖所示，板厚 t，鉚釘直徑 d，拉力 F，求每根鉚釘所受之平均剪應力。

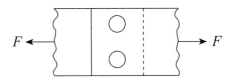

解：

$$\tau = \frac{P}{A} = \frac{F}{2 \times \dfrac{\pi d^2}{4}} = \frac{2F}{\pi d^2}$$

例題 15 ✐

如圖所示，板厚 t，鉚釘直徑 d，拉力 F，若板寬 10cm，板厚 0.5cm，鉚釘直徑 1cm，拉力 F = 20kN，求每根鉚釘所受之平均剪應力。

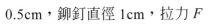

解：

$$\tau = \frac{20 \times 1000}{2 \times \dfrac{\pi}{4} \times 10^2} = \frac{400}{\pi} \ (\text{N/mm}^2)$$

例題 16 ✐

如圖所示的鉚釘搭接，承受 P 力作用，若鉚釘直徑為 10mm，P = 1000N，板厚度為 5mm，則板承受之壓應力為？

解：

$$\sigma_c = \frac{P_c}{d \times t} = \frac{1000}{10 \times 5} = 20 \ (\text{N/mm}^2)$$

例題 17 ✎

如圖所示之單列鉚接，板寬 $b = 20\text{cm}$、$t = 1\text{cm}$，鉚釘直徑亦為 1cm，受到 $P = 3000\text{N}$ 之拉力，產生的剪應力為多少 N/mm² ？

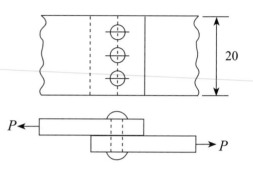

解：

$$\tau = \frac{P}{A} = \frac{3000}{3 \times \frac{\pi}{4} \times 10^2} = \frac{40}{\pi} \ (\text{N/mm}^2)$$

例題 18 ✎

如圖所示之搭頭接合，鉚釘直徑為 2cm，若容許張應力為 12MPa，容許壓應力為 25MPa，容許剪應力為 8.5MPa，該接頭所能承受之最大載重為？

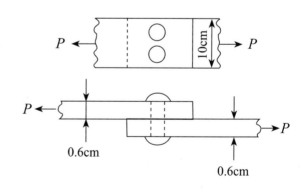

解：

$$\tau = \frac{P_s}{2 \times \frac{\pi}{4} \times 20^2} = 8.5 \Rightarrow P_s = 5340 \ (\text{N})$$

$$\sigma_c = \frac{P_c}{2 \times 20 \times 6} = 25 \Rightarrow P_c = 6000 \,(\text{N}) \quad \text{力量應取小的,故} P = 5340 \,(\text{N})$$

例題 19 ✎

一圓桿受 400MPa 之單軸向拉應力作用,若在一傾斜截面上之剪應力為 $100\sqrt{3}$ MPa,試求此傾斜截面與垂直線的夾角為多少度?

解:

從莫耳圖可得 $\sin2\phi = \dfrac{100\sqrt{3}}{200} = \dfrac{\sqrt{3}}{2} \Rightarrow 2\phi = 60° \Rightarrow \phi = 30°$

例題 20 ✎

一圓桿所能承受之最大拉應力為 4000MPa,最大剪應力為 2500MPa,若其兩端欲承受 250kN 之拉力,則此圓桿之最小直徑應為若干 cm?

解:

$$\tau = \frac{1}{2}\sigma \Rightarrow 2500 = \frac{1}{2}\sigma \Rightarrow \sigma = 5000$$

$$4000 = \frac{250 \times 1000}{\frac{\pi}{4} \times d^2} \Rightarrow d^2 = \sqrt{\frac{250}{\pi}} \Rightarrow d = \sqrt{\frac{500}{\pi}} = 10\sqrt{\frac{5}{2\pi}} \,(\text{mm}) = \sqrt{\frac{5}{2\pi}} \,(\text{cm})$$

例題 21 ✎

一圓桿斷面積為 0.8cm^2,已知此桿材料能承受拉應力為 100MPa,而能承受之剪應力為 40MPa,則此桿能承受之軸向拉力為?

解:

$$\tau = \frac{1}{2}\sigma \Rightarrow 40 = \frac{1}{2}\sigma \Rightarrow \sigma = 80 < 100$$

$$\tau = \frac{P}{A} \Rightarrow 80 = \frac{P}{0.8 \times 10^2} \quad P = 6400 \ (\text{N})$$

例題 22 ✐

一鐵棒之直徑爲 4cm，欲將其剪斷，若其破壞剪應力爲 3500MPa，則外力爲？

解：

$$\tau = \frac{P}{A} \Rightarrow \frac{P}{\frac{\pi}{4} \times 40^2} = 3500 \quad P = 4400000 \ (\text{N}) = 4400 \ (\text{kN})$$

例題 23 ✐

二材料對接，上下有蓋板，材料厚 1.5cm，用直徑 2.2cm 鉚釘單列連接，如鉚釘容許剪應力 7.5MPa，壓應力 15MPa，當承受外力 50000N 時，應利用幾個鉚釘？

解：

$$7.5 = \frac{50000}{2 \times n_1 \times \frac{\pi}{4} \times (22)^2} \Rightarrow n_1 = 8.8 \quad 15 = \frac{50000}{n_2 \times 22 \times 15} \Rightarrow n_2 = 10.1$$

$n_1 < n_2$，故取 11 根

例題 24 ✐

有一混凝土柱，其截面爲正方形，每邊長 3cm，今以 180kN 負荷載於其上，則在材料中誘生之最大剪應力爲？

解：

$$\sigma = \frac{P}{A} = \frac{180 \times 1000}{30 \times 30} = 200 \text{（MPa）} \quad \tau_{\max} = \frac{1}{2}\sigma = \frac{1}{2} \times 200 = 100 \text{（MPa）}$$

例題 25

有一橫斷面爲 3cm×6cm，長 200cm 之鋼桿，承受軸向拉力，其抗拉應力不得超過 84MPa，抗剪應力不超過 30MPa，其伸長量不得超過 0.05cm，彈性係數 $E = 200$GPa，則張力之最大值爲？

解：

$$\tau_{\max} = \frac{1}{2}\sigma \Rightarrow 30 = \frac{1}{2} \times \sigma \Rightarrow \sigma = 60$$

$$\sigma = \frac{P}{A} \Rightarrow 60 = \frac{P_1}{30 \times 60} \Rightarrow P_1 = 108000 \text{（N）}$$

$$\delta = \frac{P\ell}{AE} \Rightarrow 0.5 = \frac{P_2 \times 2000}{30 \times 60 \times 200 \times 1000} \quad P_2 = 90000 \text{（N）}$$

例題 26

有一雙蓋板單鉚釘對接，設載重 $P = 6000$N，鉚釘直徑 $d = 2$cm，板之厚度 2cm，板寬 6cm，板之拉應力爲？

解：

$$\sigma_t = \frac{6000}{(6-2) \times 2} = 7.5 \text{（MPa）}$$

例題 27

有軟鋼之彈性係數 $E = 200$GPa，蒲松氏比 0.25，則其剛性模數 G 爲若干？

解：

$$G = \frac{E}{2(1+\mu)} = \frac{200}{2(1+0.25)} = 80 \text{（GPa）}$$

例題 28 ✐

作用於物體 X、Y 軸向的應力分別爲 σ_x 和 σ_y，和 x 軸成 30° 角的平面上之正向應力爲 σ_n，則和 x 軸成 120° 的平面上之正向應力爲？

解：

∵ 30° 與 120° 互爲餘平面

∴ $\dfrac{\sigma_n + \sigma_n'}{2} = \dfrac{\sigma_x + \sigma_y}{2}$ （圓心相同）　　$\sigma_n' = \sigma_x + \sigma_y - \sigma_n$

例題 29 ✐

茲有剪應力爲 400MPa 之生鐵製實心圓軸，受 3140kN 之剪力而剪斷，則其直徑爲？

解：

400MPa = 0.4GPa

$$\tau = \frac{P}{A} \Rightarrow 0.4 = \frac{3140}{\frac{\pi}{4} \times d^2} \quad d = 100 \text{（mm）} = 10 \text{（cm）}$$

例題 30 ✐

如圖所示，一拉桿由 2 部分組成，受一拉力 120kN 之作用，設螺栓之允許剪應力爲 50MPa，則螺栓所需直徑爲若干？

解：

$$\tau = \frac{P}{A_S} = \frac{P}{2A} = \frac{2P}{\pi D^2}$$

$$\therefore D = \sqrt{\frac{2P}{\pi\tau}}$$

$$= \sqrt{\frac{2 \times 120 \times 10^3}{\pi \times 50}}$$

$$= \sqrt{\frac{4800}{\pi}} \text{（mm）} = \sqrt{\frac{48}{\pi}} \text{（cm）}$$

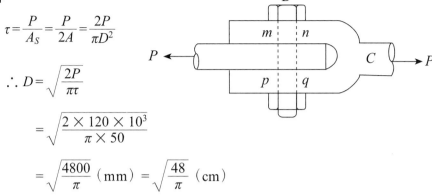

例題 31

三根直徑為 20mm 之鉚釘，用以連接如圖所示的兩鋼板，若鋼板所傳遞之力 P 為 30πkN，鉚釘所受之平均剪應力為？

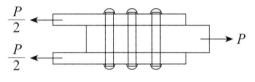

解：

$$\tau = \frac{P}{A_S} = \frac{P}{3(2A)} = \frac{30\pi \times 10^3}{3 \times 2 \times \frac{\pi}{4}(20)^2} = 50 \text{（MPa）}$$

例題 32

如圖所示之桿，其斷面為邊長 40mm 的正方形，承受一力 $P = 160$kN，則 n-n 截面上之剪應力大小為多少 MPa？

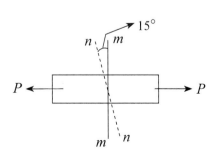

解：

$$\tau_\theta = \frac{P}{2A}\sin 20 = \frac{160 \times 10^3}{2 \times (40)^2} \times \sin (2 \times 15°) = 25（MPa）$$

例題 33 ✎ ───────────────────────────────

如圖所示，長 900mm 之搖桿，以
鍵（key）固定於直徑爲 38mm 之
軸上，鍵寬爲 12mm 長 50mm，
搖桿之末端加負荷 P，若使鍵之
剪應力不得超過 60MPa 時，則負
荷最大值爲若干？

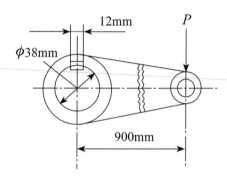

解：

$$F = \tau \times A_S = 60(12 \times 50) = 36000（N）\qquad 又 \Sigma M_o = 0$$

$$36000 \times 19 - P \times 900 = 0 \quad \therefore P = 760（N）$$

6.3　平面的性質

一、慣性矩：平面內各微小截面積乘以轉軸間距離平方之總和稱慣性矩，
　　又稱轉動慣量。以 I 表示。慣性矩的單位爲長度的四次方，如：in^4、
　　cm^4。

二、極慣性矩：一面積對垂直於其所在平面之軸之極慣性矩，等於該面積
　　內各微小面積。$J = I_x + I_y$。

三、平行軸定理：一面積對某軸之慣性矩，等於該面積對該軸平行，且通
　　過形心軸之慣性矩與此面積至兩軸間距離平方之乘積總和，故 $I_s = I_x$
　　$+ AL^2$。

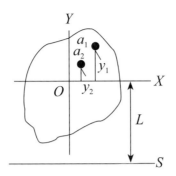

四、迴轉半徑：慣性矩爲長度的 4 次方，可寫成面積乘以一長度之平方，
　　此長度稱爲該軸之迴轉半徑，以 K 表示之。

　　慣性矩　$I_x = K_x^2 A$，$I_y = K_y^2 A$

　　迴轉半徑　$K_x = \sqrt{\dfrac{I_x}{A}}$，$K_y = \sqrt{\dfrac{I_x}{A}}$

五、截面係數（Z）：面積慣性矩，除以中立軸至截面最遠之距離，所得
　　之商，稱爲截面係數。

　　對 x 軸截面係數：$Z_{x1} = \dfrac{I_x}{y_1}$，$Z_{x2} = \dfrac{I_x}{y_2}$

六、矩形：

　　$I_x = \dfrac{bh^3}{12}$ （通過形心軸）之慣性矩

　　$I_y = \dfrac{bh^3}{12}$ （通過形心軸）之慣性矩

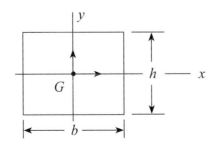

七、三角形：

八、圓形：

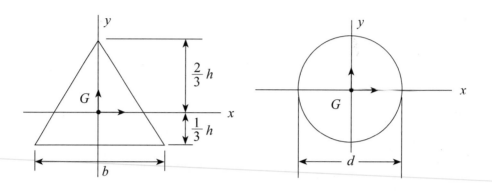

例題 1

如圖所示之矩形斷面對形心軸 y–y 之面積慣性矩 I_{yy} 為？

解：

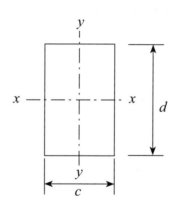

矩形對其形心軸之慣性矩 $I_{yy} = \dfrac{1}{12}bh^3 = \dfrac{1}{12}(d)(c)^3$，即 $I_{yy} = \dfrac{1}{12}dc^3$

例題 2

如圖所示之斷面形狀，斜線部分面積對 x 軸之面積慣性矩為多少 cm^4？

解：

由組合面積之慣性矩及二次矩平移原理得

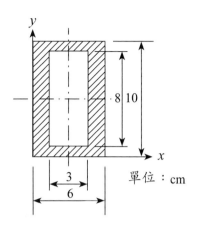

$$I_x = \frac{1}{12}(6 \times 10^3 - 3 \times 8^3) + (6 \times 10 - 3 \times 8) \times 5^2$$

$$= 372 + 900 = 1272 \ (cm^4)$$

單位：cm

例題 3

如圖環形斷面，外徑為 3cm，內徑為 2cm，求其對 x-x 軸之迴轉半徑為？

解：

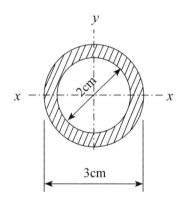

$$I_{Total} = I_{大圓} - I_{小圓} = \frac{\pi \times 3^4}{64} - \frac{\pi \times 2^4}{64} = \frac{65\pi}{64}$$

$$A_{Total} = A_{大圓} - A_{小圓} = \frac{\pi \times 3^4}{4} - \frac{\pi \times 2^4}{4} = \frac{5\pi}{4}$$

$$K_{Total} = \sqrt{\frac{I_{Total}}{A_{Total}}} = \sqrt{\frac{13}{16}} \ (cm)$$

3cm

例題 4 ✎ ─────────────────────────

如圖所示，斜線部分面積對 x 軸之慣性矩為？

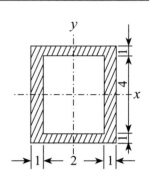

解：

$$I = \frac{4 \times 6^3}{12} - \frac{2 \times 4^3}{12} = 72 - \frac{32}{3} = 61\frac{1}{3} \ (\text{cm}^4)$$

例題 5 ✎ ─────────────────────────

如圖所示 T 形面積對形心軸 $x\text{-}x$ 之慣性矩為（136cm^4）。

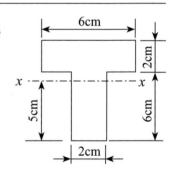

解：

$$I_x = \left(\frac{2 \times 6^3}{12} + 12 \times 2^2\right) + \left(\frac{6 \times 2^3}{12} + 12 \times 2^2\right)$$

（請讀者自行計算）

例題 6 ✎ ─────────────────────────

如圖所示 T 形面積對形心軸 $x\text{-}x$ 之慣性矩為？

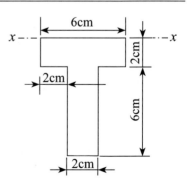

解：

$$I = \left(\frac{6 \times 2^3}{12} + 12 \times 1^2\right) + \left(\frac{2 \times 6^3}{12} + 12 \times 5^2\right)$$

$$= 4 + 12 + 36 + 300 = 352 \ (\text{cm}^4)$$

例題 7

如圖所示，則其截面係數為？

解：

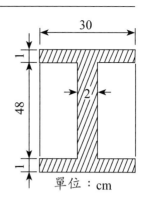

$$I_{x-x} = \frac{30 \times 50^3}{12} - 2 \times \frac{14 \times 48^3}{12} = 54452 \,(\text{cm}^4)$$

$$Z = \frac{I}{Y} = \frac{54452}{25} = 2178 \,(\text{cm}^3)$$

例題 8

已知 C 點為圖的面積的形心，該面積對 E、F 軸的慣性矩（moments of inertia）分別為 4000m^4，6240m^4，$d_1 = 8\text{m}$，$d_2 = 6\text{m}$，求該面積對 D 點的慣性矩。

解：

(1) $I_F = I_C + A \times d_1^2 \cdots\cdots ①$

$I_E = I_C + A \times d_2^2 \cdots\cdots ②$

其中 $I_F = 6240 \,(\text{m}^2)$　$d_1 = 8 \,(\text{m})$　$I_E = 4000 \,(\text{m}^2)$　$d_2 = 6 \,(\text{m})$

由①－②得

$I_F - I_E = A(d_1^2 - d_2^2)$

$\therefore A = \dfrac{6240 - 4000}{8^2 - 6^2} = 80 \,(\text{m}^2)$　$I_C = 1120 \,(\text{m}^2)$

(2) $I_D = I_C + Ar^2$，其中 $r^2 = 8^2 + 6^2 = 100$

則 $I_D = 1120 + 80 \times 100 = 9120 \,(\text{m}^4)$

例題 9

若已知如圖三角形之面積慣性矩 $I_U = 19.4$，試求其 I_V 值。

解：

(1) 此題要特別注意。因旋轉 θ 角後，x 與 y 軸成為 U 與 V 軸

(2) 以基本公式 $J_O = I_x + I_y = I_V + I_U$ 即可解出

(3) $I_x = \dfrac{4 \times 3^3}{12} = 9$，$I_y = \dfrac{3 \times 4^3}{12} = 16$，且 $I_U = 19.4$

(4) 則 $I_x + I_y = I_V + I_U \Rightarrow 9 + 16 = I_V + 19.4$

　　 $\therefore I_V = 5.6$

例題 10

如圖所示，四分之一圓形面積對 x 軸之迴轉半徑為？

解：

$I = Ak^2 \Rightarrow \dfrac{1}{4} \times \dfrac{\pi d^4}{64} = \dfrac{1}{4} \times \dfrac{\pi d^4}{4} \times k^2$

$k = \dfrac{d}{4} = \dfrac{R}{2}$

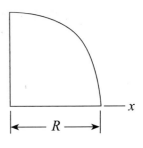

例題 11

如圖所示一圓軸之橫截面，其直徑為 2 公分，中間為邊長 1 公分之正方形孔，則此橫截面之慣性矩 I_{CC} 是多少 cm^4？

解：

(1) X_C 軸之 I_{CC} 為整個圓的 I 減去方形

　　的 I

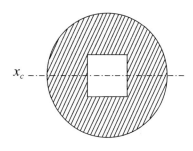

(2) $I_{CC} = \dfrac{\pi d^4}{64} - \dfrac{a^4}{12} \Rightarrow$

　　$I_{CC} = \dfrac{\pi(2)^4}{64} - \dfrac{I^4}{12} = 0.702$（cm^4）

例題 12 ✎

如圖所示，$\dfrac{1}{4}$ 圓對 X 軸之慣性矩為 $I_{xo} = \dfrac{1}{16}\pi r^4$，則此 $\dfrac{1}{4}$ 圓對原點 O

之極慣性矩 J_o 之迴轉半徑 k_o 為？

解：

$J = \dfrac{1}{16}\pi r^4 \times 2 = \dfrac{1}{8}\pi r^4$

$J = A \times k_o^2 \Rightarrow \dfrac{1}{8}\pi r^4 = \dfrac{1}{4}\pi r^2 \times k_o^2$

$k_o^2 = \dfrac{1}{2}r^2 = \dfrac{\sqrt{2}}{2}r$

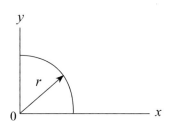

例題 13 ✎

如圖所示之斜線面積之截面係數為？

解：

$I_x = \dfrac{16^4}{12} - \dfrac{\pi \times 12^4}{64} = 4443.4$（cm^4）

$Z_x = \dfrac{I_x}{8} = \dfrac{4443.4}{8} = 555.4$（cm^3）

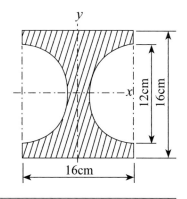

例題 14 ✐

如圖所示之圓環形截面，其外徑為 40cm，內

徑為 20cm，則其截面係數為？

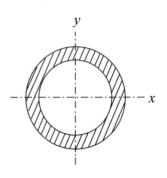

解：

$$I_x = \frac{\pi}{64}(40^4 - 20^4) = 117810 \text{（cm}^4\text{）}$$

$$Z_x = \frac{117810}{20} = 58905 \text{（cm}^3\text{）}$$

6.4 軸的強度與應力

例題 1 ✐

如圖所示之三皮帶輪各傳遞不同之馬

力，但其剪應力相等，則其直徑 d_1 與 d_2

的比值為何？

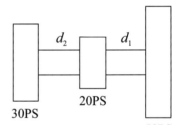

解：

∵ $P = T \cdot \omega$ ∴ P 與 T 成正比

又 $T = \tau \cdot Z_P$（且 τ 均相等）

故 $\dfrac{T_1}{T_2} = \dfrac{Z_{P1}}{Z_{P2}} = \dfrac{P_1}{P_2} \Rightarrow \dfrac{50}{30} = \dfrac{\dfrac{\pi d_1^3}{16}}{\dfrac{\pi d_2^3}{16}} = \dfrac{d_1^3}{d_2^3}$ $\quad \dfrac{d_1}{d_2} = \sqrt[3]{\dfrac{50}{30}} = 1.19$

例題 2 ✐

如圖所示 1 馬達及 1 組齒輪，帶動一圓軸，傳到 A 的動力為 80HP，傳

到 B 的動力為 10HP，若 d_1 為 8cm，則 d_2 應為多少？

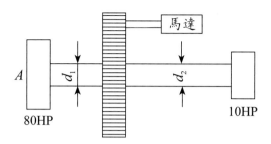

80HP　10HP

解：

$$\frac{P_1}{P_2} = \frac{d_1^3}{d_2^3} \Rightarrow \frac{80}{10} = \frac{8^3}{d_2^3} \Rightarrow d_2 = 4 \text{（cm）}$$

例題 3 ✐————————————————————

請根據右圖，計算桿 T_{AB} 的受力。

解：

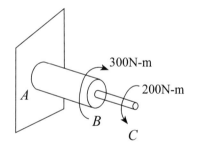

$T_{BC} - 200 = 0$ 得 $T_{BC} = 200$(N-m)

$T_{AB} + 300 - 200 = 0$ 得 $T_{AB} = -100$(N-m)

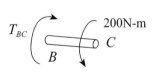

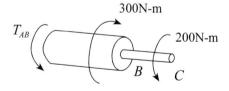

例題 4 ✐————————————————————

如圖 AB 軸徑 8cm，BC 外徑 8cm，內徑 4cm 之空心軸若允許剪應力為 700kg/cm² ，則容許最大扭矩 T 為？

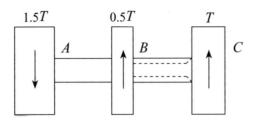

解：

$\overline{AB}$ 軸 $\tau_{\max} = \dfrac{T}{Z_p} \Rightarrow 700 = \dfrac{15T}{\dfrac{\pi \times 8^3}{16}} \Rightarrow T = 46890$（kg-cm）

$\overline{BC}$ 軸 $\tau_{\max} = \dfrac{T}{Z_p} \Rightarrow 700 = \dfrac{T}{\dfrac{\pi(d_0^4 - d_1^4)}{16d_0}} \Rightarrow T = 65940$（kg-cm）

取較小值為 46890（kg-cm）

例題 5

如圖所示，空心圓軸，外徑
60mm，內徑 40mm，長度
1.5m，$J = 102\text{cm}^4$，剛性模數
$8.5 \times 10^5 \text{kg/cm}^2$，若欲在軸端產
生 3.0×10^{-2}rad 之扭轉，需在軸
端施加以扭矩約為？

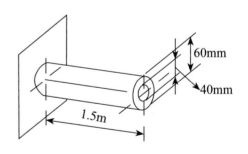

解：

長度 $L = 1.5\text{m} = 150\text{cm}$

$\phi = \dfrac{T\ell}{GJ} \Rightarrow 3.0 \times 10^{-2} = \dfrac{T \times 150}{8.5 \times 10^5 \times 102} \Rightarrow T = 17340$（kg-cm）

例題 6 ✑————————————————————————

一不同直徑之鋼軸受一扭矩 T，如圖所示，假如允許之剪應力爲 1000kg/cm^2，且在自由端 A 之允許最大扭角爲 0.05rad，試求最大之 T 值（$G = 10 \times 10^5 \text{kg/cm}^2$）。

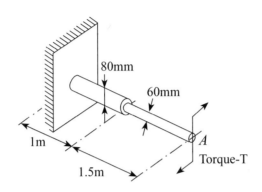

解：

(1) 公式 $\tau = \dfrac{16T}{\pi d^3}$，直徑愈小表面剪應力愈大，故最大剪應力應發生於

$\phi 60\text{mm}$ 之軸表面（$d = 60\text{mm} = 6\text{cm}$）

$$1000 = \frac{16T_1}{\pi \times 6^3} \Rightarrow T_1 = 42411.5\text{kg-cm}$$

(2) 自由端扭轉角 $\phi = \phi_a + \phi_b$ $\quad \phi = \dfrac{T_2 \ell_a}{GJ_a} + \dfrac{T_2 \ell_b}{GJ_b}$

$$0.05 = \frac{T_2}{G}\left[\frac{L_a}{\dfrac{\pi}{32}d_a^4} + \frac{L_b}{\dfrac{\pi}{32}d_b^4}\right] \quad 0.05 = \frac{T_2 \times 32}{10 \times 10^5 \times \pi}\left[\frac{150}{6^4} + \frac{100}{8^4}\right]$$

$$T = 35024 \text{（kg-cm）}$$

——

例題 7 ✑————————————————————————

SAE1080 之銅棒長度爲 ℓ，直徑爲 D，受扭矩 T 作用後，產生之扭轉角 爲 ϕ，今將相同材料之銅棒長度更改爲 2ℓ、直徑更改爲 $2D$、扭矩更改

為 $4T$，則產生之扭轉變度為？

解：

$$\phi = \frac{T\ell}{GJ} = \frac{(4T) \times (2\ell)}{G \times \dfrac{\pi \times (2D)^4}{32}} = \frac{T\ell}{2GJ} = \frac{1}{2}\phi$$

例題 8 ✐

一外徑為 20cm 之實心圓軸，與一同外徑而有 10cm 內孔之空心圓軸，如允許剪應力相同，則空心圓軸扭轉強度為實心圓軸強度之？

解：

由 $\tau = \dfrac{T}{Z_P}$　　則 T 與 Z_P 成正比

且 $d_o = d$　　實心 $Z_P = \dfrac{\pi d^3}{16}$

空心 $Z_P' = \dfrac{\pi(d_0^4 - d_i^4)}{16 d_o}$

$\therefore \dfrac{Z_P'}{Z_P} = \dfrac{d_0^4 - d_i^4}{d_o^4} = \dfrac{20^4 - 10^4}{20^4} = 0.938$

　　　$= 93.8\%$

例題 9 ✐

一外徑為 20cm 之實心圓軸，與同一外徑而有 10cm 內孔之空心圓軸，如允許剪應力相同，則空心圓軸的扭轉強度與實心圓軸扭轉強度比為何？

解：

τ_1 表空心軸　　τ_2 表實心軸

$\tau_1 = \tau_2 \Rightarrow \dfrac{T_1 R_1}{J_1} = \dfrac{T_2 R_2}{J_2}$

$$\therefore \frac{T_1}{T_2} = \frac{J_1 R_2}{J_2 R_1} = \frac{\dfrac{\pi(20^4 - 10^4)}{32} \times 10}{\dfrac{\pi \times 20^4}{32} \times 10} = \frac{20^4 - 10^4}{20^4} = \frac{150000}{160000} = \frac{15}{16}$$

例題 10 ✎

一直徑為 10cm 之實心軸，其允許剪應力為 6MPa，所能抵抗之最大扭矩為？

解：

$$T = \tau_{\max} \times Z_p$$

$$= 6 \times \frac{\pi \times 100^3}{16} = 1180000 \ (\text{N-mm}) = 1180 \ (\text{N-m})$$

例題 11 ✎

一直徑為 2cm 之軸，承受 31.4kg-m 之扭矩，軸長 1.6 公尺，剪力彈性模數 $G = 8 \times 10^5 \text{kg/cm}^2$，則扭轉角為多少弧度？

解：

$$\phi = \frac{T\ell}{GJ} = \frac{3140 \times 160}{800000 \times \dfrac{\pi \times 2^4}{32}} = 0.4 \ (\text{rad})$$

例題 12 ✎

一空心軸之外徑為 10cm，內徑為 6cm，於承受扭矩後在內壁所誘生之剪應力為 700MPa，則外壁誘生之剪應力為？

解：

$$\frac{\tau_1}{\tau_2} = \frac{R_1}{R_2} \Rightarrow \tau_2 = 700 \times \frac{10}{6} = 1167 \ (\text{kg/cm}^2)$$

例題 13 ✐————————————————

一空心圓軸，外徑為 4cm，內徑為 2cm，若其容許剪應力為 3.2N/mm²，則所能承受的最大扭矩為多少？

解：

$$\tau = \frac{TR}{J} \Rightarrow 3.2 = \frac{T \times 20}{\frac{\pi(40^4 - 20^4)}{32}} \quad T = 12000\pi \text{（N-mm）} = 12\pi \text{（N-m）}$$

例題 14 ✐————————————————

一空心圓軸之外徑 12.5cm，內徑 7.5cm，受扭矩後，其內壁之剪應力為 500MPa，試求外壁之剪應力

解：

$$\frac{\tau_{max} \text{（外壁之剪應力）}}{\tau \text{（內壁之剪應力）}} = \frac{D}{d}$$

$$\tau_{max} = \left(\frac{12.5}{7.5}\right) \times 500 = 833 \text{（MPa）}$$

例題 15 ✐————————————————

一空心圓軸外徑為 4cm，而內徑為 2cm，若其允許的最大剪應力為 8N/mm²，而最高轉速為 1200rpm，則此軸可傳送的最大馬力數為何？

解：

$$\tau = 8\text{N/mm}^2 = 800\text{N/cm}^2$$

$$\tau = \frac{TR}{J} \Rightarrow 800 = \frac{T \times 2}{\frac{\pi(4^4 - 2^4)}{32}} \quad T = 3000\pi \text{（N-cm）} = 30\pi \text{（N-m）}$$

$$P = T \times \omega = 30\pi \times \frac{2\pi \times 1200}{60} \times \frac{1}{750} = 15.8 \text{（HP）}$$

例題 16 ✍

一空心圓軸和一實心圓軸有相同之截面積，已知空心圓軸的內外徑分別為 3cm 與 5cm，設兩者皆承受相同之扭矩，則其最大剪應力比 τ 空心：τ 實心為（二圓軸之材料皆相同）？

解：

A 相等　則 $\pi(d_o^2 - d_i^2) = \pi d^2$

$\pi(5^2 - 3^2) = \pi d^2$　$\therefore d^2 = 16 \Rightarrow d = 4$　$\dfrac{\tau_{空}}{\tau_{實}} = \dfrac{\dfrac{16T \times 5}{\pi(5^4 - 3^4)}}{\dfrac{16T}{\pi \times 4^3}} = \dfrac{10}{17}$

例題 17 ✍

一空心鋼軸，外徑 8cm，內徑 4cm，受有 500N-m 之扭轉力矩，其內壁之剪應力為？

解：

$$\tau_{\max} = \frac{TR}{J} = \frac{16Td_o}{\pi(d_o^4 - d_i^4)} = \frac{16 \times 500 \times 1000 \times 80}{\pi(80^4 - 40^4)} = 5.3 \,(\text{MPa})$$

$$\tau_i = \frac{2}{4} \times 5.3 = 2.65 \,(\text{MPa})$$

例題 18 ✍

一軸傳達 10 馬力之動力，迴轉數為 300rpm，則作用軸上之扭矩約為？

解：

$$P = T \times \omega \Rightarrow 10 = T \times \frac{2\pi \times 300}{60} \times \frac{1}{750}$$

$$T \doteqdot 240 \,(\text{N-m})$$

例題 19 ✐ ─────────────────────────────

一圓棒直徑為 4cm，長為 50cm，將一端固定，另一端扭轉 30°，則單位長度之扭轉角？

解：

$$\theta = \frac{\phi}{\ell} = \frac{\dfrac{30°}{180°} \times \pi}{50} = \frac{\pi}{300} \ (\text{rad/cm})$$

例題 20 ✐ ─────────────────────────────

一圓軸受彎矩 M 作用最大正交應力 $\sigma_{\max}$，以同一軸受扭矩 T 作用最大剪應力為 $\tau_{\max}$，若 $M = T$，則兩種應力大小關係為？

解：

$$\because \sigma = \frac{My}{I} \quad \tau = \frac{TR}{J} \ \text{又} \ M = T，y = R，J = 2I \quad \therefore \sigma = 2\tau$$

例題 21 ✐ ─────────────────────────────

一圓軸直徑為 6cm，作用轉矩為 200N-m，則所受最大剪應力為？

解：

$$\tau = \frac{TR}{J} = \frac{20000 \times 3}{\dfrac{\pi \times 6^4}{32}} = 472(\text{N/cm}^2) = 4.72(\text{MPa})$$

例題 22 ✐ ─────────────────────────────

一圓軸剪彈性係數為 G，直徑為 d，長度為 ℓ，截面之極慣性矩為 J，受一扭矩 T 而產生 ϕ 之扭轉角，則 T 為？

解：

$$\phi = \frac{T\ell}{GJ} \Rightarrow T = \frac{GJ\phi}{\ell}$$

例題 23 ✐

一實心軸直徑 4cm，另一同材料之空心軸外徑為 5cm，若二軸等長，重量也相等，且受相同的扭矩，則其剪應力之比為何？

解：

∵重量相等　∴$\frac{1}{4}\pi \times 4^2 = \frac{1}{4}\pi (5^2 - d_i^2)$　$d_i = 3$（cm）

τ_1：實心軸之剪應力

τ_2：空心軸之剪應力

$$\frac{\tau_1}{\tau_2} = \frac{\dfrac{T \times R_1}{J_1}}{\dfrac{T \times R_2}{J_2}} = \frac{J_2 \times R_1}{J_1 \times R_2} = \frac{\dfrac{\pi \times (5^4 - 3^4)}{32} \times 2}{\dfrac{\pi \times 4^4}{32} \times 2.5} = \frac{1088}{640} = 1.7 : 1$$

例題 24 ✐

一實心軸傳送 314 馬力，每分鐘 3300 轉，軸受純扭力，材料抗剪強度為 56000 ℓb/in²，安全係數用 7，則軸之直徑為多少吋？〔註：吋（in）〕

解：

$P = 314$ 英制馬力 $= 314 \times 550 \times 12$in-ℓb/s $= 2072400$in-ℓb/s

ω（轉速）$= 3300$rpm $= \dfrac{2\pi \times 3300}{60} = 345.4$（rad/sec）

容許剪應力 $\tau = \dfrac{抗剪強度}{安全係數} = \dfrac{56000}{7} = 8000$（lb/in²）

$$P = T\omega \Rightarrow 2072400 = T \times 345.4 \Rightarrow T = 6000 \text{ (in-lb)}$$

$$\tau = \frac{16T}{\pi d^3} \Rightarrow 8000 = \frac{16 \times 6000}{\pi d^3} \Rightarrow d = \sqrt[3]{\frac{12}{\pi}} \text{ (in)}$$

例題 25 ✐

一實心圓軸,直徑 6cm,長 3m,在兩端面處承受一轉矩,若其容許剪應力為 60MPa,剪割彈性係數 $G = 80$GPa,則此圓軸在承受最大容許轉矩時,兩端面間之扭角為?

解:

扭角 $\phi = \dfrac{T\ell}{GJ} = \dfrac{\tau \cdot \dfrac{J}{R} \times \ell}{GJ} = \dfrac{\tau\ell}{GR} = \dfrac{60 \times 300}{80 \times 1000 \times 3} = 0.075$ (rad)

例題 26 ✐

一實心圓軸之直徑為 7.5cm,工作剪應力 $\tau_w = 210$kg/cm^2,受扭矩後,此軸每米長度內之扭轉角不得超過 $0.25°$,$G = 8.4 \times 10^5$kg/cm^2,則此軸所能傳達之最大扭矩為?

解:

$$\tau = \frac{T}{Z_P} \Rightarrow 210 = \frac{T}{\dfrac{\pi \times 7.5^3}{16}} \Rightarrow T = 173.86 \text{ (kg-m)} \quad ;$$

$$0.25 \times \frac{\pi}{180} = \frac{T \times 100}{8.4 \times 10^5 \left(\dfrac{7.5^4}{32}\right)}$$

$T = 113.8$ (kg-m) 取較小值

例題 27 ✎

一實心圓軸的直徑爲 2cm，長 1m 承受扭矩 100N-m，產生之扭轉角爲 4°，試求此圓軸材料的剪力彈性係數 G 約爲多少 GPa？

解：

(1) ϕ 單位爲弧度，則扭轉角 $4° = \dfrac{\pi}{180} \times 4° = \dfrac{\pi}{45}$（rad）

(2) 代公式 $\phi = \dfrac{T\ell}{GJ} \Rightarrow \dfrac{\pi}{45} = \dfrac{100 \times 1000 \times (1000)}{G \times \dfrac{\pi \times 20^4}{32}} \Rightarrow G = 91189$（MPa）

$\qquad\qquad \fallingdotseq 91$（GPa）

例題 28 ✎

一實心圓軸直徑爲 2cm，其最大容許剪應力爲 800kg/cm²，若其最高轉速爲 600rpm，則此軸可傳送之最大功率約爲若干公制馬力？

解：

(1) 先由 $\tau_{\max} = \dfrac{16T}{\pi d^3}$ 求出 T，則

$\qquad T = \dfrac{\tau \cdot \pi \cdot d^3}{16} = \dfrac{800 \times \pi \times 2^3}{16} = 400\pi$（kg-cm）$= 4\pi$（kg-cm）

(2) 再由 $PS = \dfrac{T \cdot \omega}{75} = \dfrac{4\pi \times \dfrac{2\pi \times 600}{60}}{75} = 10.51$（馬力）

例題 29 ✎

一實心圓軸傳送 6πHP，其容許剪應力爲 300kg/cm²，若其轉速爲 600rpm，試求此圓軸之直徑爲若干？

解：

$P = T \times \omega \Rightarrow 6\pi \times 75 = T \times \dfrac{2\pi \times 600}{60}$　$T = 22.5$（kg-m）$= 2250$（kg-cm）；

$$\tau = \frac{TR}{J} \quad 300 = \frac{2250 \times \dfrac{d}{2}}{\dfrac{\pi d^4}{32}} \Rightarrow 300 \times \frac{\pi d^4}{32} = 2250 \times \frac{d}{2} \quad d = 3.4 \text{ (cm)}$$

例題 30 ✒

一實心鋁圓軸長 3m，受一扭矩 300N-m 作用，容許扭角為 $\dfrac{1}{12}$ 弧度，剪力彈性係數為 30GPa，則其直徑約為？

解：

$$\phi = \frac{T\ell}{GJ} \text{ 得 } \frac{1}{12} = \frac{300 \times 1000 \times 3000}{30 \times 1000 \times \dfrac{\pi d^4}{32}} , \quad \therefore d = 44 \text{ (mm)} = 4.4 \text{ (cm)}$$

例題 31 ✒

一實心鋼軸受一 120N-m 之扭矩作用，其允許剪應力為 6MPa，則此軸最小直徑為？

解：

$$\text{由 } T = \tau \frac{J}{R} = \tau \times \frac{\pi d^3}{16} \quad \therefore 120 \times 1000 = 6 \times \frac{\pi d^3}{16}$$

故 $d = 47 \text{ (mm)} = 4.7 \text{ (cm)}$

例題 32 ✒

以外徑 60 公分，內徑 54 公分之中空圓鋼軸，連接蒸汽輪與發電機，今若以相同材料之實心軸代替之，則實心軸與空心軸重量之比為？

解：

$$\because T = \tau \times \frac{\pi D^3}{16} = \tau \times \frac{\pi(d_o^4 - d_i^4)}{16d_o}$$

$$\therefore D^3 = \frac{d_o^4 - d_i^4}{d_o} = \frac{60^4 - 54^4}{60} \Rightarrow D = 42 \ (\text{cm})$$

$$\frac{W_1}{W_2} = \frac{\frac{\pi}{4}D^2}{\frac{\pi}{4}(d_o^2 - d_i^2)} = \frac{42^2}{60^2 - 54^2} = 2.58$$

例題 33 ✐

以直徑 12mm 之圓鋼棒製成直徑 250mm 之螺旋彈簧，使對於 18kg 之負荷產生 100mm 之伸長，若材料之剛性模數 $G = 8.5 \times 10^5 \text{kg/cm}^2$，則彈簧圈數為？

解：

$$\delta = \frac{8nPD^3}{Gd^4} \quad \therefore 10 = \frac{8 \times n \times 18 \times 25^3}{8.5 \times 10^5 \times (1.2)^4} \quad n = 7.84$$

例題 34 ✐

以直徑 12mm 圓鋼棒，製造直徑 250mm 之螺旋彈簧，使對於 18kg 之負荷生應變。（撓度）100mm，若材料之剛性模數 $G = 8.5 \times 105 \text{kg/cm}^2$，試求棒的總長。

解：

$$\delta = \frac{8nPD^3}{Gd^4} \quad \therefore 10 = \frac{8 \times n \times 18 \times 25^3}{8.5 \times 10^5 \times (1.2)^4} \quad n = 7.84 \doteqdot 8$$

$$\ell = n\pi D = 8 \times \pi \times 25 = 628 \ (\text{cm})$$

例題 35 ✎

以破壞剪應力為 1400kg/cm^2 之材料製造直徑 2cm 之圓形斷面鐵桿,需以若干扭矩使破壞之?

解:

(1)分析:公式 $\tau_{\max} = \dfrac{16T}{\pi d^3}$

(2)計算:

$$\therefore T = T = \frac{\tau_{\max} \times \pi d^3}{16} = \frac{1400 \times 3.14 \times 2^3}{16} = 2200 \text{ (kg-cm)} = 22 \text{ (kg-cm)}$$

例題 36 ✎

同材料受同樣扭矩作用之兩圓軸,一為直徑 D 之實心圓軸,另一為外徑 d_o,內徑 d_i 之空心圓軸,則兩者直徑之關係式為?

解:

同材料、同扭矩　　由 $\tau = \dfrac{16T}{\pi D^3}$

$$\tau_{空} = \frac{16 \cdot d_o \cdot T}{\pi(d_o^4 - d_i^4)} \quad 則\ \tau_{實} = \tau_{空} \quad D^3 = \frac{d_o^4 - d_i^4}{d_o} = d_o^3 - \frac{d_i^4}{d_o}$$

6.5　合應力

例題 1 ✎

如圖所示一輪軸,其一端裝有直徑 60cm 重 392kg 之帶輪,此帶輪之拉力分別為 800kg 及 120kg,軸材料之容許拉應力為 840kg/cm^2,容許剪應力為 540kg/cm^2,軸直徑 d 為?

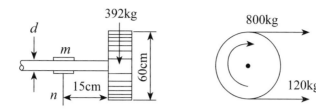

解：

mn 斷面之彎矩與扭矩分別為：

$$M = 15 \times \sqrt{392^2 + (800+120)^2} = 15000 \ (\text{kg-cm})$$

$$T = (800 - 120) \times 30 = 20400 \ (\text{kg-cm})$$

$$T_e = \sqrt{M^2 + T^2} = \sqrt{15000^2 + 20400^2} = 25321 \ (\text{kg-cm})$$

$$M_e = \frac{1}{2}(M + \sqrt{M^2 + T^2}) = \frac{1}{2}(15000 + \sqrt{15000^2 + 20400^2}) = 20160 \ (\text{kg-cm})$$

$$M_e = \sigma \times \frac{\pi d^3}{32} \Rightarrow 20160 = 840 \times \frac{\pi d^3}{32} \quad \therefore d^3 \fallingdotseq \sqrt{244} \fallingdotseq 6.25 \ (\text{cm})$$

$$T_e = \tau \times \frac{\pi d^3}{16} \Rightarrow 25321 = 540 \times \frac{\pi d^3}{16} \quad \therefore d = 6.2 \ (\text{cm})$$

故軸之直徑為 6.2cm

例題 2

一圓形橫斷面之懸臂梁同時受到扭矩 *T* 及彎矩 *M* 之作用，如圖所示，*B* 點之最大主應力為？

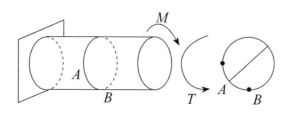

解：

(1) 彎矩 M 產生 $\sigma = \dfrac{M}{Z}$，分布如圖，但對 B 點而言為產生壓應力即 $-\left(\dfrac{M}{Z}\right)$

(2) 扭矩 T 產生 $\tau_{\max} = \dfrac{16T}{\pi D^3}$，分布如圖。

(3) 因此 B 點同時存在 T 及 M 所受之應力且 M 為 $(-)$

$$\therefore \sigma_{\max} = \dfrac{16}{\pi d^3}\left(-M + \sqrt{M^2 + T^2}\right)$$

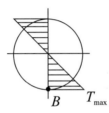

例題 3 ✐

如圖所示，截面為 $10\text{mm} \times 30\text{mm}$ 之懸臂梁，試求其最大拉應力。

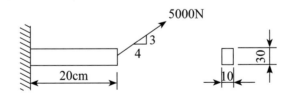

解：

$$\sigma_{t\,\max} = \dfrac{P}{A} + \dfrac{M}{Z} = \dfrac{4000}{10 \times 30} + \dfrac{3000 \times 200}{\dfrac{10 \times 30^2}{6}} = 413.3 \ (\text{N/mm}^2)$$

例題 4 ✐

如圖所示，截面為 10mm×30mm 之懸臂梁，試求其最大壓應力為若干？

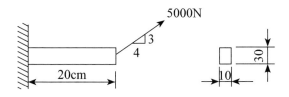

解：

$$\sigma_{c\,max} = \frac{P}{A} - \frac{M}{Z} = \frac{4000}{10 \times 30} - \frac{3000 \times 200}{\dfrac{10 \times 30^2}{6}} = -386.7 \ (\text{N/mm}^2)$$

例題 5 ✐

如圖所示之圓棒上，設有壓力 $P = 2000\text{N}$ 作用於距棒之中心 2mm 處而作用時，如圓棒之直徑為 6mm，試求圓棒中所誘生之最大拉應力與壓應力為若干？

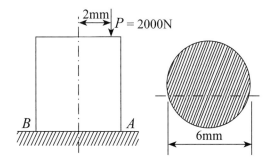

解：

由圖可知，最大拉應力發生於 B，最大壓應力發生於 A

$$\sigma_c = \frac{-P}{A} = -\frac{2000}{\frac{\pi}{4} \times 6^2} = -70.8 \ (\text{N/mm}^2)$$

偏心距 $e = 2\text{mm}$

$$\therefore M = Pe = 2000 \times 2 = 4000 \ (\text{N-mm}) \quad \therefore \sigma = \frac{M}{Z} = \frac{4000}{\frac{\pi \times 6^3}{32}} = 189 \ (\text{N/mm}^2)$$

$(\sigma_{\max})_C = -70.8 - 189 = -260 \ (\text{N/mm}^2) \quad （在 A 處）$

例題 6

如圖所示，一直徑 6cm 之圓軸，其一端裝置有一直徑為 60cm 重 250kg 之帶輪，此帶輪上皮帶之拉力分別為 800kg 及 120kg，則斷面 mn 處之主拉應力為？

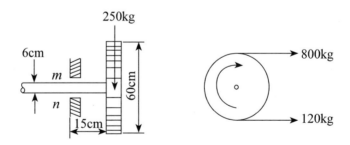

解：

$T = (800 - 120) \times 30 = 20400 \ \text{kg-cm}$

$M = 15 \times \sqrt{250^2 + (800 + 120)^2} = 14300 \text{kg-cm}$

$\sigma_{\max} = \frac{16}{\pi d^3} (M + \sqrt{M^2 + T^2}) = \frac{16}{\pi \times 6^3}(14300 + \sqrt{20400^2 + 14300^2})$

$\therefore \sigma_{\max} = 925 \ (\text{kg/cm}^2)$

例題 7 ✐─────────────────────────────

如圖所示，截面為 15mm×40mm 之懸臂梁，試求其最大拉應力及最大壓應力。

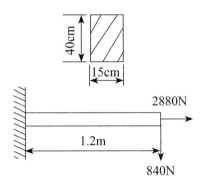

解：

最大彎矩發生在固定端，故最大應力亦發生在固定端，梁頂發生拉應力，梁底發生壓應力。

$$\sigma_{t\,max} = \frac{P}{A} + \frac{Pa}{Z} = \frac{2880}{15 \times 40} + \frac{840 \times 120}{\dfrac{\frac{1}{12} \times 15 \times 40^3}{20}} = 30 \,(\text{N/mm}^2)\quad(拉應力)$$

$$\sigma_{c\,max} = \frac{P}{A} - \frac{Pa}{Z'} = \frac{2880}{15 \times 40} - \frac{840 \times 120}{\dfrac{\frac{1}{12} \times 15 \times 40^3}{20}} = -20.4 \,(\text{N/mm}^2)\quad(壓應力)$$

─────────────────────────────────────

例題 8 ✐─────────────────────────────

如圖所示之斷面為三角形掛釘吊重為 90N 之重物，則其最大應力為何？

解：

$M = 90 \times (6+2) = 720$（N-mm $\curvearrowright$）

最大應力為張應力且發生在 B 點

故 $\sigma_{\max} = \sigma_t + (\sigma_B)_t = \dfrac{90}{\dfrac{1}{2}(6 \times 6)} + \dfrac{720 \times 2}{\dfrac{6 \times 6^3}{36}}$

$= 5 + 40 = 45$（N/mm^2）

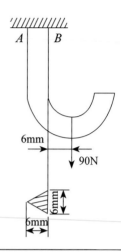

例題 9 ✐ ─────────────────

一懸臂梁如圖所示，長為 10cm、斷面為 10mm×20mm，為一拉力 $P = 1000$N，試求 A 點所受之應力大小並決定其為拉應力或壓應力。

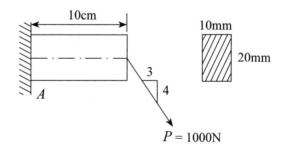

解：

P 力可分解為 $P_x = 600$（→），$P_y = 800$（↓），P_y 對 A 點產生彎矩

$M = 800 \times 100 = 80000$（N-mm）

故 A 點的應力為 $\sigma_A = \dfrac{P_x}{A} - \dfrac{My}{I} = \dfrac{600}{10 \times 20} - \dfrac{80000 \times 10}{\dfrac{10 \times 20^3}{12}} = 3 - 120$

$= -117$（N/mm^2 壓應力）

例題 10 ✒

如圖所示爲一方形斷面之梁，其邊長爲 10mm，受到軸向力 1000N 及彎矩 10N-m 之作用，則此斷面所受之最大拉應力爲？

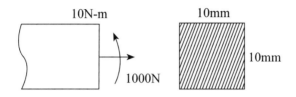

解：

$$\sigma_{\max} = \frac{P}{A} + \frac{M}{Z} = \frac{1000}{10 \times 10} + \frac{10 \times 1000}{\dfrac{10 \times 10^2}{6}} = 70 \ (\text{N/mm}^2)$$

例題 11 ✒

如圖所示，一直徑爲 8cm 之圓軸，其一端之帶輪重 30N，試計算固定端橫斷面處之最大拉應力？

解：

$$T = 200 \times 0.2 = 40 \ (\text{N-m}) \quad M = 230 \times 0.5 = 115 \ (\text{N-m})$$

$$M_e = \frac{1}{2} (M + \sqrt{M^2 + T^2}) = \frac{1}{2}(115 + \sqrt{115^2 + 40^2}) = 118 \ (\text{N-m})$$

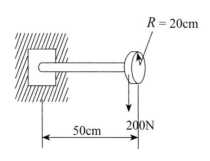

$$\sigma = \frac{M_e y}{I} = \frac{118 \times 1000 \times 40}{\dfrac{\pi \times (80)^4}{64}} = 2.3 \text{（MPa）}$$

例題 12 ✐ ————————————————————————

一圓形橫斷面之懸臂梁同時受到扭矩 T 及彎矩 M 之作用，如圖所示，則此時 A 點之最大主應力為？

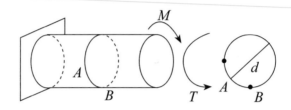

解：

(1) 彎矩 M 產生 $\sigma = \dfrac{M}{Z}$，分布如圖 (a)。

(2) 扭矩 T 產生 $\tau_{\max} = \dfrac{16T}{\pi d^3}$ 分布如圖 (b)。

(3) 就 A 點而言，σ 不存在，$M = 0$，τ 存在，即 T 存在

由 $\sigma_{\max} = \dfrac{16T}{\pi d^3}(M + \sqrt{M^2 + T^2}) = \dfrac{16T}{\pi d^3}(0 + \sqrt{0 + T^2}) = \dfrac{16T}{\pi d^3}$

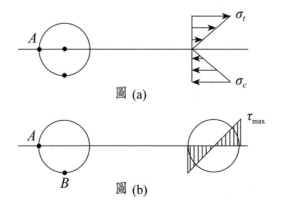

圖 (a)

圖 (b)

例題 13 ✎ ────────────────────────

如圖所示，下端固定之直立鋼管，其上端受水平作用力 120N，若此管
之截面係數為 160cm³，其主應力為？

解：

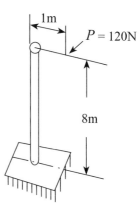

$T = 120 \times 1 = 120$（N-m）

$M = 120 \times 8 = 960$（N-m）

$M_e = \dfrac{1}{2}(M + \sqrt{M^2 + T^2}) = \dfrac{1}{2}(960 + \sqrt{960^2 + 120^2})$

　　$= 964$（N-m）

$\sigma = \dfrac{M_e y}{I} = \dfrac{M_e}{Z} = \dfrac{964 \times 1000}{160 \times 1000} = 6$（MPa）

────────────────────────────────────

例題 14 ✎ ────────────────────────

如圖所示之起重機，於 *C* 端吊有 1ton 之負荷，*AB* 截面為中空之圓環
形，其外徑為 15cm，內徑為 10cm，其最大拉應力為？

解：

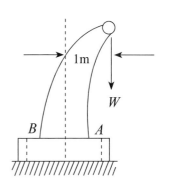

$P = 1\text{ton} = 1000\text{kg} \quad a = 1\text{m} = 100\text{cm}$

$A = \dfrac{\pi}{4}(d_o^2 - d_i^2) = \dfrac{\pi}{4}(15^2 - 10^2) = 98$（cm²）

$Z = \dfrac{\pi(d_o^4 - d_i^4)}{32 d_o} = \dfrac{\pi(15^4 - 10^4)}{32 \times 15} = 266$（cm³）

最大拉應力在 *B* 側表面

$\sigma = \dfrac{-P}{A} + \dfrac{P \times e}{Z} = \dfrac{-1000}{98} + \dfrac{1000 \times 100}{266} = 366$

（kg/cm²，拉應力）

例題 15 ✐

如圖所示之起重機，於 C 端吊有 1ton 之負荷，AB 截面為中空之圓環形，其外徑為 15cm，內徑為 10cm，A 側表面之應力為？

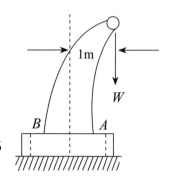

解：

$$\sigma_A = \frac{-P}{A} - \frac{P \cdot e}{Z} = \frac{-1000}{98} - \frac{1000 \times 100}{266} = -386$$

（kg/cm²，壓應力）

例題 16 ✐

一直徑為 4cm 的圓軸，一端裝置直徑為 40cm 重為 350N 的皮帶輪，如圖所示，且此輪上的皮帶拉力分別為 800N 及 400N，試求 mn 處的主拉應力及最大剪應力？

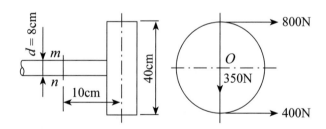

解：

$T = (800 - 400) \times 0.2 = 80$ （N-m）

圓心 O 之合力 $R = \sqrt{350^2 + 1200^2} = 1250$ （N）

$M = 1250 \times 0.1 = 125$(N-m)　$T_e = \sqrt{M^2 + T^2} = 148$ （N-m）

$M_e = \frac{1}{2}(M + T_e) = \frac{1}{2}(125 + 148) = 136.5$ （N-m）

$$\sigma_{\max} = \frac{M_e}{Z} = \frac{136.5 \times 1000}{\dfrac{\pi \times 40^3}{32}} = 22\,(\text{MPa}) \quad \tau_{\max} = \frac{T_e}{Z_p} = \frac{148 \times 1000}{\dfrac{\pi \times 40^3}{16}} = 12\,(\text{MPa})$$

例題 17 ✐

一圓軸同時受 600N-m 之彎曲力矩與 800N-m 之扭矩作用，許用工作剪應力為 90MPa，此軸應有之直徑為？

解：

$$T_e = \sqrt{M^2 + T^2} = \sqrt{600^2 + 800^2} = 1000\,(\text{N-m})$$

$$\tau = \frac{T_e R}{J} \Rightarrow 90 = \frac{1000 \times 1000 \times \dfrac{d}{2}}{\dfrac{\pi d^4}{32}} \Rightarrow d = 38\,(\text{mm}) \Rightarrow 3.8\,(\text{cm})$$

例題 18 ✐

有一公尺間隔，兩端支承之車軸，在其中央裝有重 10 公噸之飛輪轉速為 100rpm，所傳動之馬力為 400HP，若車軸之許可應力為 850kg/cm²，試求車軸之直徑應為若干？

解：

$$M = \frac{P\ell}{4} = \frac{10 \times 1}{4} = 25(\text{ton-m}) = 250\,(\text{kg-m})$$

$$T = 716.3\frac{HP}{N} = 716.3 \times \frac{400}{100} = 2856\,(\text{kg-m}) \qquad M_e = \frac{1}{2}(M + \sqrt{M^2 + T^2})$$

$$M_e = \frac{1}{2}(2500 + \sqrt{2500^2 + 2856^2}) = 3165\text{kg-m} = 316500\,(\text{kg-m})$$

$$d = \sqrt[3]{\frac{32 \times 316500}{850\pi}} \doteqdot 14.8\,(\text{cm})$$

例題 19 ✒

設有一軟鋼軸，因 2400N-m 之彎短而彎曲，同時以 3000N-m 之扭矩而扭轉，容許工作拉應力為 40MPa，軸之直徑為？

解：

$$M_e = \frac{1}{2}\left(M + \sqrt{M^2 + T^2}\right) = \frac{1}{2}\left(2400 + \sqrt{2400^2 + 3000^2}\right) = 3120 \text{ (N-m)}$$

$$\sigma = \frac{M_e y}{I}$$

$$40 = \frac{3120 \times 1000 \times \dfrac{d}{2}}{\dfrac{\pi d^4}{64}} \qquad d = 93 \text{ (mm)} = 9.3 \text{ (cm)}$$

例題 20 ✒

設有外徑 20cm 厚 2cm 之鋼鐵短柱，於距離中心 5cm 之處受 200kN 之負荷，柱內所生之最大應力為？

解：

$$\sigma_c = \frac{P}{A} + \frac{My}{I} = \frac{-200 \times 1000}{\dfrac{\pi}{4}(20^2 - 16^2)} - \frac{200 \times 1000 \times 50 \times 100}{\dfrac{\pi \times (200^4 - 160^4)}{64}}$$

$$= -17.7 - 21.6 = -39.3 \text{ (MPa)}$$

國家圖書館出版品預行編目資料

材料力學／温順華著. ——初版. ——臺北
市：五南，2017.08
　　面；　公分
　ISBN 978-957-11-9318-2（平裝）
1.材料力學
440.21　　　　　　　106013116

5G41

材料力學

作　　　者 — 温順華（319.9）

發 行 人 — 楊榮川

總 經 理 — 楊士清

主　　　編 — 王正華

責任編輯 — 金明芬

封面設計 — 姚孝慈

出 版 者 — 五南圖書出版股份有限公司

地　　　址：106台北市大安區和平東路二段339號4樓

電　　　話：(02)2705-5066　　傳　　真：(02)2706-6100

網　　　址：http://www.wunan.com.tw

電子郵件：wunan@wunan.com.tw

劃撥帳號：01068953

戶　　　名：五南圖書出版股份有限公司

法律顧問　林勝安律師事務所　林勝安律師

出版日期　2017年8月初版一刷

定　　　價　新臺幣420元